U0054051

誰改變了世界？ ④

4個科學先驅的故事

目

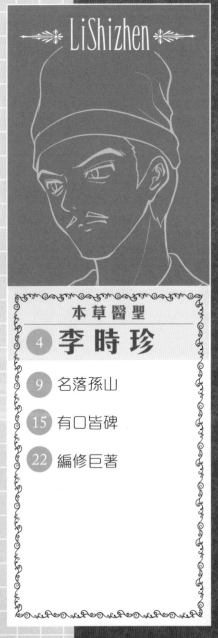

本草醫聖

4 李 時 珍

9 名落孫山

15 有口皆碑

22 編修巨著

力與光的巨人

28 牛 頓

31 早夭的童年

36 學院研究與
神奇的兩年

47 劃時代巨著

58 身居高位

63 微積分戰爭

69 海邊的好奇小孩

錄

Anning

化石獵人
72 瑪麗·安寧

77 大難不死的女孩

85 發現怪獸與
物種滅絕的證據

97 再次發現怪獸

103 伴隨危險的工作

108 姍姍來遲的榮譽

Nobel

炸藥專家
112 諾貝爾

116 賣火柴的男孩

122 硝酸甘油的威力

128 安全炸藥的發明

133 諾貝爾王國

139 戰爭與和平

本草醫聖
李時珍

嗚呀呀呀！

府王荊

「嗚嗚嗚嗚……嗚呀呀呀……」

在清晨時分，荊王府內傳來**震天的哭聲**，連遠在花園工作的家僕也不禁抬起頭來。

「唉，小少爺又**犯病**了。」一名僕人一邊掃走地上的枯葉，一邊嘀咕。

「天天都這樣，真是哭到令人心煩。」身旁同樣拿着掃帚做事的拍檔也小聲**抱怨**。

「聽說王爺又請大夫*來替小少爺治病，對方還是十分屬害的名醫呢。」

「醫得好就是名醫，醫不好還不是跟不中用的江湖郎中*沒分別嗎？」說着，他望向幽暗的迴廊深處，悄悄道，「竟愛吃那種東西，真是病了。」

此時，有兩個人正一前一後匆匆忙忙地走過迴廊。

「我們已撤走所有油燈，連一絲燈油味也不讓他嗅着。」走在前頭的管事聽着前方的哭聲，皺起眉頭道，「他一聞到就鬧着說要吃燈花……就像現在這樣。我們請過許多大夫，但仍束手無策。」

*大夫、郎中，都是古人對醫生的稱呼。「大夫」原為高級官員的職銜，至宋代設置大夫級別的醫官，下有郎（或郎中）、醫診等職位，民間漸漸仿效，稱醫生為大夫或郎中。

↑「燈花」是油燈燃燒燈芯後的殘渣，有時呈現花的形態。古時油燈用的多是豆油，燈芯則以燈芯草的莖製成。

「這情況有多久？」後面那揹着藥箱的男人問。

「已很多天了。」

二人終於來到迴廊盡處的一間房前，裏面仍傳出哭叫，還有斷斷續續的哀求：「我要吃，我要吃啊！」

管事輕敲房門，道：「嬤嬤*，我進來了。」然後直接推門而進。

日光微微照進偌大的房間，只見中央擺放了一張木桌，旁邊坐着一個中年婦人，手抱一個約六七歲、身穿錦衣華服的孩童。他面容憔悴，一雙眼睛哭得紅腫，伏在婦人的肩頭嚶嚶啜泣。

「嬤嬤，這位是李時珍大夫，為少爺治病

*舊時對奶媽的稱呼。

的。」説着，管事回頭道，「李大夫，請坐。」

李時珍上前坐到婦人旁邊。對方也身子一側，讓王府的小少爺面向大夫。

這時，管事發現少爺已沒哭，只**骨溜溜**地瞅着李時珍。而李時珍則按往少爺瘦小的手腕把脈，又摸摸其肚子後，就道出**結論**……

究竟，李時珍得出了甚麼結論？他又能否治好小少爺的病？在此先**按下不表**。

那時候，他只是一位「普通」的名醫，仍未編寫出其最偉大的「事業」——中藥學的曠世巨著《**本草綱目**》*。不過，大家可又知道，這位明代著名的醫學家和藥學家最初並非以行醫為業？

*除了《本草綱目》，李時珍也寫過其他醫書，但大多已佚失，現只存《瀕湖脈學》及《奇經八脈考》兩書。

名落孫山

明朝正德十三年（1518年），李時珍於**蘄州***
出生。他是家中
次子，祖父和父
親兩代皆以**行**
醫為生。父親李
言聞更是當地名
醫，曾在太醫院*
任職。於是，李
時珍自幼**耳濡**
目染，也約略懂得分辨一些草藥。

> 爹，這是甚麼？

李家雖為醫生世家，但其社會地位不高。蓋因
中國古人對這行業一向不大重視，甚至只將其與農
夫、工匠列於同等。若想**名成利就**，最穩妥的方

---

*蘄，音「奇」；位於今日的湖北省黃岡市蘄春縣。
*即是宮廷醫院。

法就是投考**科舉***，只要通過會試*或以上，便能在朝廷工作。故此，最初李言聞並沒培養兒子跟隨自己當大夫，而是讓他以進身**仕途**為目標。

李時珍自7歲就到書塾上學，學習基礎知識，10歲時開始背誦儒家經典，寫作文章。他一直努力讀書，以備應試。1531年，14歲的李時珍到鄰近的黃州府參加童試*，並成功通過，成為一名**秀才**。數年後，他**躊躇滿志**地到武昌參加鄉試*，可惜卻落第*了。

1537年，他再次參加鄉試，但仍未獲取錄。禍不單行，由於他勞累過甚，身體搞垮了，患上**骨蒸病**，情況嚴重……

一晚，李言聞**躡手躡腳**進入房中，看到兒子雖然在床上睡着了，但不甚安穩，一直翻來覆去。

---

*科舉是中國古代的考試制度，於公元6世紀的隋代出現，一直持續至清代末年 (1905年) 結束，是古代政府提拔人材、選任官員的重要方式。明代科舉從下而上大致分為童試、鄉試、會試、殿試四級，考生須於每一試中獲得取錄，始能投考下一級的考試。
*落第即是考試未獲錄取。

這個月來兒子身體發熱，不停咳嗽，還吐了許多痰涎，且食慾不振，睡也睡不好。於是他使用**柴胡、麥冬**等藥醫治，但其病情非但毫無起色，反而日益加重。他**憂心忡忡**，心想究竟哪裏出錯了？

「爹……」

李言聞聽到叫聲，回過神來，只見兒子醒了，正想**勉力**起床。

「慢慢起來。」他連忙扶起對方。

「咳咳！吃了這麼多藥也沒用，孩兒可能過不了這關……」

「別這樣想！」李言聞鼻子一酸，只能**強顏歡笑**，「快躺下休息，爹一定想出辦法來的。」

就在他拖着沉重的步伐離開房間時，突然**靈光一閃**，大叫道：「啊！還有一味藥可以一試！」

他立即從百子櫃中取出一兩**黃芩**，以水煎煮，讓兒子服用。結果，李時珍服藥後第二天就退燒，不再咳嗽，身體逐漸**康復**。

日後，李時珍將此事記於《本草綱目》。他感歎只要用對了藥，如鼓應桴*，效果**立竿見影**，足以起死回生。

↑ 黃芩是唇形科黃芩屬的植物，屬多年生草本植物，主要分佈於中國北部地區。其根部可入藥。

李時珍自康復後，即把握時間讀書，其後捲土重來，投考第三次鄉試。然而，最後依然**鎩羽而歸**。

三次落榜令他對考取功名變得**心灰意冷**，但並沒因此消沉，反而毅然轉向家族事業——行

---

*桴（音：夫），即是鼓槌。整句意思是猶如鼓槌擊鼓，一鼓就響。

醫。為向父親表明**不屈不撓**的意志，他甚至寫下一首詩：「身如逆流船，心比鐵石堅。望父全兒志，至死不怕難。」

不過，若想**轉投他業**，就須從頭學起。以往李時珍背誦的四書五經*與醫學毫無關連，為此他又開始讀書，只是這次所讀的是**醫書**。同時，他憑藉父親與蘄州豪門士族的交情，得以在其藏書樓內閱覽各種典籍。

除了理論，還要實踐汲取經驗，李時珍常在父親身旁**觀摩**如何治理患者。之後，他很快跟上進度，能幫忙醫治病人。

1545年，蘄州發生水災，城鎮皆被掩沒，死傷

---

* 「四書」就是《論語》、《孟子》、《大學》和《中庸》，「五經」則是《詩經》、《尚書》、《禮記》、《易經》和《春秋》。

無數，事後更出現**瘟疫**，患者甚眾。當時27歲的李時珍就跟着父親四出奔波，**救死扶傷**。

另一方面，他讀書期間發現舊有的醫藥典籍錯誤甚多，如一種藥材在不同書內稱呼各異，有些則是藥材不同類卻又**混為一談**，加上當中醫理落伍，遺害甚巨。於是，他逐漸興起**編撰新書**的念頭，以修訂藥物的名目和功用。

他決定一邊工作，一邊在餘暇時搜集資料，從家鄉附近的動植物開始**考證**。另外，他一有時間就跟隨父親出外挖藥，採集各種藥草作研究。

有口皆碑

行醫是李時珍的本職，多年來他救助無數病人，為民所稱道。此後人們**口耳相傳**不少奇聞軼事，其中就有攔棺救人的**傳說**。

某日，李時珍在街上走着，看見前方有送喪隊伍抬着棺材迎面而來，遂到一旁暫避。

正當棺材從他身邊經過時，他看到有鮮血從中流出，感到奇怪，便向一位送喪人問個究竟。原來，棺內的是一名剛剛逝去的**產婦**。

「**不妙！**」他暗呼一聲，當下走到前頭阻止對方前進，並大叫道，「快開棺！那人還未死的！」

眾人**將信將疑**，

擾攘一番，還是決定開棺，赫然發現產婦仍有**氣息**。李時珍立即急救，終於挽回兩條性命。

另外，雖然李時珍的名氣愈來愈大，但不會自滿，依舊虛心學習。若遇上醫術高超之人，他更會「**拜師學藝**」呢！

話說有一天，一名外地商人向李時珍求診。李時珍發現對方竟患上**不治之症**，恐怕時日無多，遂開一張應急藥方。

「這藥能延緩病情惡化。」他一面依方執藥，一面勸道，「你趕緊回鄉跟家人見上最後一面吧。」

「謝⋯⋯謝謝大夫。」商人接過藥後便**失魂落魄**地離開了。

一年後。

正當李時珍埋首整理藥材，一個**叫聲**從背後響起。

「李大夫！」

李時珍轉過頭來，定睛一看，這不就是那患了**絕症**的商人？怎麼還**在生**的？他上前抓住對方的手腕診脈，根本毫無生病的跡象。

「為甚麼……」他**不敢置信**地問。

「原本我確要趕回家鄉，但途中聽說夷陵有個神醫，綽號『小華佗』。剛巧我會經過那裏，心想一試無妨，遂去求醫。」商人說得**手舞足蹈**，「當他看到你那張藥方後，就在上面多加兩味藥，我服後竟**痊癒**了！幸得大夫你的藥，我才能撐到去找他，謝謝你！」

「只加了兩味？」李時珍並沒理會對方感謝之

言，只**驚異**地問，「是哪兩味？」

「呃，隔了一年，我也不記得了。」商人搔搔頭說。

這時，李時珍不禁思忖：「只加兩味就**扭轉乾坤**，真厲害！究竟是甚麼呢？」

為解疑惑，他便隱瞞身份到夷陵一探究竟，結果發現對方**醫術非凡**，遂想拜其為師。只是，小華陀反應冷淡，並沒答應。

「就算是雜務工作也可讓晚輩來做。」李時珍躬身一揖道，「只要跟在**神醫**身邊學習，於願足矣。」

小華佗經不起其一再**懇求**，就讓他幫忙擔水、打掃、磨墨，李時珍也趁機觀察小華陀如何醫治病人。

後來，小華佗見其**聰明勤快**，遂答應收對方為徒，而李時珍亦表明身份及來意。

小華佗初時很驚訝，但見其真誠，便說出加了哪兩味藥，並指點道：「你下藥雖有**畫龍**之功，卻無**點睛**之術。」表示李時珍還未完全掌握訣竅。之後他就向對方傳授醫術，令其獲益良多。

由於李時珍醫術高，且不論貧富皆悉心治療，求診的人**絡繹不絕**，亦引起當地王府注意。

如開首所述，荊王府富順王的孫子患上嗜吃燈花之病。經李時珍檢查，診斷乃小少爺體內的寄生蟲所致，遂開一味殺蟲治癖的藥。他將之製成藥丸，讓對方吞服，最終**藥到病除**。

此外，有一次荊恭王的王妃胡氏吃了蕎麥麵後，胃痛非常。府中醫師用藥以望舒緩病情，她卻入口即吐，且大便三日不通，於是王府又向李時珍求救。李時珍**妙手回春**，依據古方利用**玄胡索**，終令王妃大便暢順，不再胃痛了。

他替王府人員治好各種奇難雜症，逐漸在上流階層**嶄露頭角**，神醫之名**不脛而走**。

1556年，李時珍38歲。其時楚王世子*突然昏厥，**不省人事**，羣醫**束手無策**。王府遂延請李時珍醫治，令世子獲救。楚王為報恩，遂聘之到位於**武昌**的王府供職行醫，並准許查閱王府內的各種典籍。

↑玄胡索，又稱延胡索或元胡，罌粟科紫堇屬、多年生草本植物，主要分佈於中國華東地區。其塊莖可入藥。

由於武昌位處長江中游，**四通八達**，是經商重鎮，許多人都會在此經商。李時珍時常走訪

*世子是古代對諸侯貴族繼承人的尊稱。

20

各藥材鋪，並結識許多藥商，增廣見聞。同時，他偶爾跟同伴遊山玩水，順道在山川考察動植物，搜集資料，為編書作準備。

他在王府工作三年後，因朝廷招攬醫師，得楚王舉薦，就到太醫院工作。雖然他官職低微，但能閱讀皇宮的秘典，又在京城認識其他名醫，交流心得，可算收穫甚豐。

一年後，他辭官離京，返回家鄉蘄州，後來舉家搬至附近的雨湖，自號「瀕湖老人」。

編修巨著

　　無官一身輕，李時珍覺得是時候花更多時間專注於撰寫《本草綱目》。於是，他多次出訪名山大川，實地考查各種事物，由此衍生出**傳說故事**。

　　相傳他在兒子建元和徒弟龐憲陪同下，來到**太和山***五龍宮附近，路上看到有棵樹結了許多果子。李時珍伸手直接摘下果子端詳一番，輕輕咬了

*即是今日的武當山。

一口。突然，他**臉色大變**，嚷道：「呀！糟了，這是**榔梅***！」

龐憲對師父如此反應感到不解，問：「這有甚麼問題？」

「你**有所不知**。」李時珍看着榔梅樹説，「榔梅被山中道士神化為**仙果**，上貢朝廷，禁止一般百姓採摘的。」

「世間哪有甚麼仙果，只是人們**穿鑿附會**而已。」龐憲**嗤之以鼻**。

「話雖如此，但它既列為貢果，隨意摘吃會被問罪的。」

正在這時，一個男聲從後方**大喝**：「喂！你們在做甚麼？」

他們轉過頭來，只見一羣道士手執木棒、**怒氣沖沖**地衝來，指罵三人：「膽敢偷吃仙果，真是不知死活！」

*或作「棚梅」。

「我們……」龐憲忍不住想上前理論。

李時珍立即舉手**攔阻**，走到眾道士面前深深一揖，道：「在下李時珍，是一名大夫，為編修本草醫書，正**四處遊歷**查證天下事物。剛巧來到貴方寶地，見樹上結了傳說中的椰梅，忍不住摘下一嘗。多有冒犯，還望恕罪。」

此時，一名**仙風道骨**的老道士越眾而出，問：「那麼你認為這仙果是甚麼來的？」

「傳說那是真武大帝*折下梅枝，插上椰木嫁接而成，**別樹一格**。」李時珍說得**避重就輕**，「當然其功效和味道也該與一般果子有別，詳情恐怕要再作細查。」

「哈哈哈，真是**滴水不漏**。」老道士笑着指住對方手上那顆被吃了一口的椰梅道，「你就帶着它好好查吧。」

他隨即吩咐其他道士**讓路**，李時珍等人終於

*真武大帝，亦稱玄天上帝，是道教中統理北方的神明。

平安離去。

《本草綱目》記載，榔梅是榆樹的一種，果實似梅似杏也似桃，味道甘酸，能 **生津止渴**。現代科學家卻發現，榔梅與 黃蛋果樹 屬於同種。

←黃蛋果樹是山欖科桃欖屬植物，原產於美洲中部，因果實如煮熟的蛋黃般而得名。

Photo credit: "Starr 061213-2350 Pouteria campechiana"
by Forest & Kim Starr / CC BY 3.0

李時珍回家後，即匯整多年搜集所得的資料，編修《本草綱目》，至1569年完成初稿。及後，他又進行三次修改，到1578年終於寫成全書。

只是，出版過程 **一波三折**。由於資金不足，李時珍到蘄州、武昌、南京等地委託，都沒有書商肯協助承印。為解決困境，

他便拜訪著名文學大家**王世貞***，請其寫序以作招徠，數年後始獲南京藏書家胡應龍資助印刷。

只是，礙於當時技術有限，**刻印費時**，《本草綱目》於1596年才正式出版。可惜，李時珍早於三年前就已**去世**，無法親眼看到書本。

據王世貞序言所說，52卷《本草綱目》從構思到成書時間，歷近30年，**參考**各家書籍超過800本，在舊《本草》(即《神農本草經》*) 原有1518種藥材上**增加**374種，總計1892種，分成16部。書內另有醫藥方劑11096條、藥物圖畫1109幅，其中有許多都是由李時珍的兒子建中和建元所繪。

「本草」就是**中藥材**的簡稱，而

*王世貞 (1526 -1590年)，明代嘉靖至隆慶年間 (約16世紀) 的文壇領袖，曾官至南京刑部尚書。

*《神農本草經》是現存最早的中藥學專著，作者不詳，估計約於漢代成書。

「綱」即**大綱**，是事物的主體，「目」則為**條目**。全書以部為綱，以類為目，如書內「草部」藥材，下分「山草類」、「芳草類」、「毒草類」等10類。

另外，《本草綱目》內大多藥材都由李時珍親自驗證，其**實事求是**的精神令他能推陳出新，敢於批評前人陋見。以水銀為例，自古許多人以為是令人長生不死的**靈丹妙藥**，但李時珍大斥其為**無稽之談**。他說水銀乃「陰毒之物」，久食有害人體，只能在危急時作應變之用。

不過，此書並非毫無**缺點**，有些記載純屬**迷信**，如魚網能治魚骨哽喉，只要將網覆頸或煮汁飲之，即能治癒，完全缺乏科學根據。

瑕不掩瑜，《本草綱目》**格式統一**、藥物羅列**條理分明**，讓人們在辨別藥材、用藥方式有清楚依據，成為極重要的中醫藥專著。

力與光的巨人
牛頓

「咚！」

一聲低沉的悶響傳到耳邊，打斷了一名年輕男人的思緒。他往前一看，草地上有顆紅彤彤的**蘋果**。

他拿起那蘋果，抬起頭來，只見點點陽光從**扶疏**的枝葉間灑下來，枝頭上結滿令人**垂涎欲滴**的紅色果實。那麼，手中的蘋果顯然曾是樹上一員，只是剛巧掉到地上而已。

「為甚麼蘋果會**垂直**掉到地上的？而不是向

橫飛出，又或者向上升呢？」年輕人**若有所思**，「它的路徑明顯指向地球中心，那麼一定有種力量將蘋果拉向那裏的⋯⋯」

　　說到這裏，想必大家都知道故事的結果吧？這名年輕人就是**家傳戶曉**的偉大科學家**艾薩克・牛頓** (Isaac Newton)，他因看到蘋果掉落而領悟出著名的**萬有引力**原理。

　　不過，事實並非如此簡單。蘋果只是其中一個**契機**，猶如一粒投向水中的小石子，令這位大科學家心內泛起陣陣漣漪。此後他還要努力研究多年，幾乎以一己之力完成重要的科學理論，才獲得豐碩的成果，當中包括**力學**、**光學**、**數學**等方面，為人類作出極大貢獻。

早夭的童年

　　1642年**聖誕節**，牛頓於英國東部林肯郡一條偏遠的農村伍爾索普出生。其父親與他同名，也叫艾薩克・牛頓，是個不識字的**農夫**，但憑藉父祖努力積攢不少財產，牛頓家擁有廣闊農田、大量牲畜和一座莊園。他一直守住家業，令家人過着安穩的生活，可惜早在兒子出生前數月就去世了。

　　至於母親漢娜來自沒落的貴族家庭。她辛苦產下牛頓，與之**相依為命**，到兒子3歲時，就**改嫁**一名年邁而富有的教區牧師。由於漢娜要與新丈夫到別處生活，只好留下年幼的牛頓在莊園由其**外祖父母**照顧。直至8年後丈夫逝世，她才帶着其家產和牛頓的3個繼弟妹搬回莊園居住。

　　牛頓一直為母親拋下自己**懷怨甚深**，也對繼父絕無好感。不過，繼父卻令對方獲益不少，

他身故後留下大量**書籍**，為牛頓打開知識的大門。此外，遺產中還有一本裝幀精美的筆記簿，牛頓雖輕蔑地稱作「**廢紙簿**」(waste book)，但仍一直帶在身邊，並

於日後寫下引力、微積分等科學論述的**草稿**，成為重要的第一手研究資料。

　　1654年，12歲的牛頓到格蘭瑟姆*的**國王中學**讀書。由於校園離家甚遠，故此他寄住在附近的藥劑師克拉克的家。

　　起初，他的成績不算優異，直至一件事情發生始**突飛猛進**。據說某天上學時他被一個同學**欺負**，對方是個大個子，且成績不俗。牛頓**不甘受辱**，放學後找那同學挑戰。兩人悄悄來到一處僻

*格蘭瑟姆 (Grantham)，英國林肯郡的一個市鎮。

靜的地方，隨即掄起拳頭互毆。雖然牛頓較瘦弱，但憑着旺盛的**鬥志**，終於揍倒對手，並聲言自己不只要在打架上取勝，還要在成績上贏過那傢伙。於是，他**發奮圖強**，不久成績已名列前茅。

另外，他也很喜歡看書，以前會閱讀繼父遺留下來的書籍，其後則常到教堂的圖書室借閱書本。當時，他受一本講解**簡單機械**的書吸引，對機械展現出無比興趣，於是依照書中的方法自行製造一些模型器具，例如靠老鼠推動運轉的風車、紙燈籠、日晷等。

由於克拉克的藥房屬於**下鋪上居**，牛頓就住在藥房上方，故此

常有機會看到藥劑師工作的情況。有時候，他跟在克拉克身邊，細心觀察對方利用各種各樣的化學品調配藥物、製成方劑，從中學到不少**化學知識**。另外，藥房中有許多科學書籍，也滿足了這個內向而充滿好奇心的寄宿生**孜孜不倦**地看書的慾望。

經過數年，牛頓已是一個**成績斐然**的優秀學生，連校長都相信他必定能入讀大學。然而，母親漢娜卻不這樣想。她認為人根本毋須讀這麼多書，就算是**文盲**也能過上**富足**的生活，其前夫亦即牛頓的父親老艾薩克就是個好例子。她只想兒子能在家**勤勤懇懇**地工作，幫忙管理莊園、農地、工人等大小事務。故此，她反對牛頓升讀大學，甚至強迫他**輟學**，回家幫忙牧羊。

此舉對牛頓而言簡直是**晴天霹靂**。他回到家後時常與母親吵架，工作時又常常**丟三落四**，每天都過得非常**鬱悶**。

幸好，這時有人出手解困，那就是舅舅威廉・艾斯庫。他是劍橋大學的畢業生，明白知識的重要，遂聯同牛頓的校長向漢娜**力陳利弊**，勸對方別埋沒牛頓的才華。經過連番遊說，漢娜終於答應讓兒子到外地升讀大學。到1661年，牛頓成功入讀**劍橋大學三一學院**。

學院研究與
神奇的兩年

17世紀，英國大學仍以教授古希臘亞里士多德的思想為主。不過，牛頓並未對此滿足。他一邊上課，一邊尋找各種書籍，閱讀哥白尼*、伽利略*、笛卡兒*、培根*等人的理論，從中獲益良多，也開始對守舊的古希臘學說心生疑問。

他將自己的疑團如行星怎樣運行等寫在筆記簿，然後抄下與之相關的著作解說內容，再自行分析推論，把心得詳細地寫下來。

1664年夏天，大學三年級的牛頓開始專注研究

*尼古拉·哥白尼 (Nicolaus Copernicus，1473-1543年)，波蘭天文學家與數學家，詳情請參閱《誰改變了世界？》第2集。
*伽利略·伽利萊 (Galileo Galilei，1564-1642年)，意大利天文學家與物理學家，詳情請參閱《誰改變了世界？》第2集。
*勒內·笛卡兒 (René Descartes，1596-1650年)，法國數學家與哲學家，創出「坐標幾何」的幾何學研究方法，對牛頓和萊布尼茨研發微積分有深遠影響。其哲學思想也大大影響歐洲之後數代的哲學家，並留下「我思故我在」的名言。
*法蘭西斯·培根 (Francis Bacon，1561-1626年)，英國科學家、哲學家與政治家，致力推動實驗科學。

光的性質，其中一個課題就是光與顏色的關係。究竟光是甚麼？**顏色**又從何而來？要解答這些問題，就從他在市集買到一塊**三稜鏡**進行實驗開始。

首先，他在一間房裏拉上所有窗簾，令房間變得黑暗，然後在窗簾開一個小洞，讓一縷**陽光**射進來，再把一塊三稜鏡放到陽光照射的路徑。這時，三稜鏡將光折射到前方的牆壁上，光線顯得**七彩繽紛**，非常美麗。

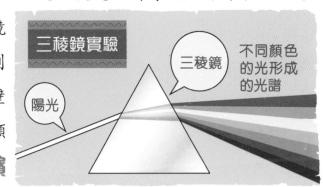

三稜鏡實驗

陽光

三稜鏡

不同顏色的光形成的光譜

當時人們相信**白色**是缺失了所有色彩的顏色，所以白色的陽光理應不含其他顏色的。然而，牛頓通過實驗卻發現並非如此，三稜鏡將陽光折射出不同顏色的光，這表示白光其實是由**紅**、**橙**、

黃、綠、藍、紫等各種色光結合而成的。

此外，他進一步發現人們看到物體的顏色，其實是來自該物**反射**的光，而非一般人認為顏色只固定於物體本身。當光線照射到一件東西時，那東西就會吸收某些顏色光，並將其餘的顏色光反射出去，照到人們的**眼睛**上，這樣該物件就**顯現**出其反映的顏色了。

例如**蘋果**呈紅色，是由於它被光線照射時，吸收了紅色以外的顏色光，並反射出紅色光，於是我們就看到蘋果是紅色的了。

另外，為了研究光線，牛頓更進行一些非常**危險的實驗**，差

吸收紅色以外的光

反射

陽光

（當中包含各種顏色的光）

例如蘋果呈紅色，是由於它被光線照射時，吸收了紅色以外的顏色光，並反射出紅色光，於是我們就看到蘋果是紅色的了。

點弄壞眼睛。有一次，他為了觀察眼球受光時產生

的彩色光環，竟多次**直視太陽**，每次持續數小時。之後當他望向其他地方時，一切竟變得異常**刺眼**，只好留在黑暗的房間內休息，直到三天後才漸漸恢復視力。

以肉眼直視太陽是極之危險的行為，對眼睛損害甚大，大家千萬別嘗試啊！

除了光學，他也研習**數學**，時常去聽數學教授巴羅*的課程，又購買笛卡兒的《幾何學》等書本自修，儘快掌握高等數學的基礎，這對他後來發展**微積分**與**天體力學**有極大幫助。

可是好景不常，一場可怕的**瘟疫**打斷了牛頓安穩的大學生活。1665年夏天，英國爆發大規模的**鼠疫**，奪走數以萬計的生命。這場瘟疫首先在倫敦出現，逐漸向外**擴散**，雖然劍橋一帶疫情不算

---

*艾薩克・巴羅 (Isaac Barrow，1630-1677年)，英國數學家，曾進行無窮小量的數學分析研究，著有《幾何學講義》等書。

嚴重，但已陸續有人病發而亡。為避瘟疫，牛頓決定暫時**離開大學**，回到**家鄉**伍爾索普，住在母親的莊園中。

不過，那並沒打斷其學習進度，反而令他有更多時間充分發揮科學研究的才能。

當時，牛頓繼續大學時期的研究，創出一套名為「**流數法**」的數學分析方法，日後人們稱此法為「微積分」。微積分的

用途十分廣泛，其中能計算**曲線斜率**，還有不規則物體的面積和體積等。1665年，他寫下《如何求曲線的切線》以及《由物體的軌跡求其速度》兩文，之後又運用流數法計算**行星彎曲的軌道**，研究它們如何運行。

另一方面，**蘋果的傳說**也在此時發生。話說某天牛頓在果園裏散步，走着走着，感覺有點熱，就到其中一棵蘋果樹下坐下來**休息**，靜靜望着前方的風景。突然，一顆蘋果從樹上掉下來，這情景令他慢慢思索出重要的萬有引力原理。可是如開首所述，這個故事大大**簡化**了牛頓長期的努力。事實上，他早在大學時期就已開始準備，此後多年通過**日以繼夜**地不斷思考、計算和研究，從而得到驚人的成果。

後來，1666年夏天倫敦發生**大火災**，整個城市幾乎被燒毀殆盡。不過亦由於此事故，反而令這個受鼠疫蹂躪的重災區**重現生機**，因病菌也被猛烈大火消滅了，此後各地疫情漸漸緩和下來。半年後大學重開，牛頓得以回去**繼續學業**，完成學士

學位課程。

從1665年開始避疫到1667年劍橋大學重開期間，牛頓一直逗留在家鄉，在各方面研究都有突破發展，故此後世都稱之為「神奇的兩年」。

及後他獲得碩士學位，並成為大學的研究員。當時他寫了一篇數學論文，令巴羅刮目相看，對其大為賞識。1669年，巴羅辭去劍橋大學盧卡斯數學教授*，更指定對方接任此職。

1670年初，牛頓重新研究光學，又將數年前進行的實驗重做一遍。當中除了三稜鏡，他還使用了各種鏡片，例如他以三稜鏡將光線折射出不同顏色的光譜後，接着在光譜前方放置一塊凸透鏡，令所有顏色光重新

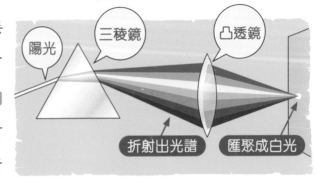

陽光　三稜鏡　凸透鏡

折射出光譜　匯聚成白光

---

*盧卡斯數學教授席位 (Lucasian Chair of Mathematics)，是劍橋大學的榮譽職位，於1663年根據政治家亨利・盧卡斯 (Henry Lucas，1610-1663年) 的意願而創立，巴貝奇、霍金等著名科學家也曾擔任該職位。

聚焦，射到後方的牆壁上。那些顏色光通過凸透鏡後就匯聚成白光，由此再次證明白光是由各種顏色光構成的。

另外，為了闡釋自己的光學理論，牛頓更自行製造一種**反射式望遠鏡**。這款望遠鏡更解決了當時折射式望遠鏡造成的色差問題，而且像素更高，人們就能更**清晰**地看到遠方的事物*。

反射式望遠鏡改善了觀察遠方事物的效果，另一方面牛頓也藉着**色差**，具體說明各種顏色光結合後就會形成白光。當他造出新的望遠鏡後，便透過巴羅向**皇家學會**會員展示。眾人皆對新式望遠鏡大為驚歎，甚至提議向國王查理二世作御前示範。

Photo Credit: NewtonsTelescopeReplica by Solipsist / CC BY-SA 2.0

牛頓的反射式望遠鏡複製品
牛頓親自製造出首個望遠鏡試驗版本時，連反射鏡也是由他打磨而成的。

*欲知兩種望遠鏡有何分別，請參閱p.70 的「科學小知識」。

1672年1月，牛頓當選皇家學會院士。他緊接下來正式發表《光與顏色的新理論》一文，並刊登於皇家學會的刊物內。論文中除了提及顏色光的性質，還有一項大膽的推論——光是由許多極微細的粒子組成，遇上透明的物件就會穿過去，當遇上不透明的東西則會被其吸收或反射。

可是，這與當時的主流看法不同，許多科學家都認為光本身是一種波，猶如聲波一般。故此當牛頓的文章刊登出來後，隨即引起各界注意與批評。許多人都不相信他的顏色理論，認為那只是一種錯誤的假說。其中一名叫虎克*的科學家更大肆狙擊牛頓，兩人因此引發多年的學術論爭。

虎克是英國著名的博物學家，曾自行設計顯微鏡去觀察各種細小生物，並發表著作《顯微圖譜》，當中記錄了關於光波說的見解。另外，他亦是皇家學會的實驗主任，主要檢查學會成員發表的

---

*羅伯特·虎克 (Robert Hooke，1635-1703年)，英國博物學家與建築師，曾首次運用顯微鏡觀察出細胞。

文章與實驗，故其言論在學會可謂**舉足輕重**。虎克審核牛頓的論文時，發現其光粒說與自己提倡的光波說有所牴觸，根本不合其「胃口」，遂在學會上**肆意抨擊**。

另一方面，牛頓也**不甘示弱**，不斷寫信回應，捍衛自己的觀點。最後，他更寫了一封長信交予皇家學會，逐點反駁虎克的論點，才暫時**擊退**對手。只是，他意想不到自己通過實驗獲得的成果竟被人只據推論隨意批判，故認為那樣對自己**不公道**。面對各種如潮水般的批評，他甚至開始**萌生退意**：

幸而他最終並沒衝動行事，依舊**留任**學會院士。不過，事情還未結束，數年後牛頓與虎克再次

> 再這樣我就要退出皇家學會了！

交鋒。1675年牛頓發表了兩篇論文，重申光與顏色的本質以及光粒說，這次虎克譴責他將《顯微圖譜》的概念偷龍轉鳳，以發展自己的學說。於是，兩人再起爭執，彼此寫信互相惡毒地諷刺挖苦。

在其中一封牛頓寄給虎克的信裏，有一句至今常被引用的名言：「若我能看得較遠，蓋因我站在你們這些巨人的肩膀上。」這句話源自12世紀的法國學者伯拿*，本來是指人們能夠從偉大先賢的基礎上獲得更大智慧。可是，後世有說牛頓在此表面上恭維虎克是巨人，但其實卻嘲諷對方是個駝背的矮子。

事件最終不了了之，虎克偃息旗鼓，而牛頓則躲在劍橋的實驗室，完全不理會外界的紛擾，專注於研究宇宙行星，還有當時歐洲盛行的煉金術。

*沙特爾的伯拿 (Bernard of Chartres)。

劃時代巨著

古人相信透過某些提煉方法就能做到**物質轉化**，如把普通金屬變成價值更高的黃金，甚至製造出能醫百病的萬靈藥，這種技術就是**煉金術**。千百年來不少人對其**趨之若鶩**，投下大量心血與金錢，以求獲得這種夢寐以求的「力量」。

至中世紀，煉金術成為**不傳之秘**，教會又視之為**異端**，加上坊間各種誇張的傳說，它成了既迷人又不入流的研究。而現代科學更證實煉金術只屬迷信，只是它也促成了最早的**化學研究基礎**。17世紀許多科學家包括牛頓都**掩人耳目**，悄悄探究這種秘法……

夜闌人靜，助手**漢弗萊**走進一個昏暗的房間。裏面有座小型火爐，旁邊還站着一個人，熊熊

火光映照其身。爐上擺了一個坩堝，正不斷冒煙，瀰漫着一股**燃燒柴薪**與**融解金屬**混合的難聞氣味。只是，那人似乎毫不理會，**一動不動**地注視裏面的東西。

漢弗萊走過去，向那人輕聲説：「牛頓先生，讓我來吧。」

牛頓轉過頭來，以**通紅的雙眼**看着他道：「注意別讓火熄了。」説着，便慢慢站起來，步出房間。

牛頓曾於1670年代試圖提煉一種名為「**軒轅十四銻**」(antimony regulus) 的銻化合物。不過，據説他日以繼夜地研究煉金術，並非純粹追求財富或永生，而是希望得到無人能及的**知識**，發掘宇宙真理。同時，這種**專心致志**的態度更幫助他

寫出一本至今依然影響深遠的巨
著。

自與虎克為光學問題**爭**
執、彼此互不理睬數載後，
1679年牛頓收到對方**來信**，詢
問關於天體運行、向心力運動等

Photo Credit:
"Antimony-4" / CC BY 3.0
銻是一種化學元素，
帶有金屬光澤。

看法。在書信討論期間，牛頓因犯了一個小錯誤，
被虎克在皇家學會大肆宣揚。不過，這種**羞辱**並
沒擊倒牛頓，反而激發他重新研究行星運行軌跡。

另外，1680
年11月天空出現
一顆**彗星**，至月
底消失，次年又有
另一顆彗星飛過。
當時有人認為是彗
星掠過地球，繞過
太陽後，再次經地球離開。牛頓**收集**各地**觀測**

49

數據，用流數法計算彗星軌道模型，承認那是事實，並驗證出刻卜勒*的橢圓形行星軌道理論是正確的。

及後，他進一步想到行星繞着太陽運行是受到一種**力**影響，那麼這種力的本質是甚麼？

古代西方人相信行星運轉是受「**乙太**」*旋轉時引發的。乙太一詞源於古希臘學者，為地、水、風、火以外的第五元素，是一種**看不見**、**無重量**、**無屬性**的物質，充斥於宇宙，成為各種作用力的媒介。以光為例，當時人們認為光波或光粒子就是透過乙太傳遞開來。

起初牛頓也對此**深信不疑**，但經多次精密計算，察覺若太空真的有這種物質，必阻慢行星運行。他一度嘗試説服自己，乙太極之**細小**，能穿過任何物體，理應不構成阻礙。只是，當他進行各

*約翰尼斯‧刻卜勒 (Johannes Kepler，1571-1630年)，德國數學家與天文學家，其天體物理學的研究啟發了牛頓的萬有引力定律。另外他創造出「刻卜勒三大定律」，當中提到行星繞着太陽運轉，其軌道必定是橢圓形的，而非傳統認知的正圓形。
*乙太，英文是luminiferous aether或ether。

種空氣實驗，就明白不管乙太多麼微小也有密度，穿過物體時始終會產生**阻礙**。結果，他毅然**捨棄**固有看法，提出乙太未必是物質，而是一種如引力般的**作用力**在宇宙產生影響。

1684年，學者哈雷*探訪牛頓，詢問有關問題。牛頓便將數年來研究所得**匯整成篇**，寫成《研究繞轉物體》一文作為解答。後來為作更完整的闡釋，他決定把所有資料**融會貫通**，閉關寫書。當時，他每天清晨就埋首工作，至凌晨才睡覺，其**廢寢忘餐**的程度連別人也看不下去。

一天，漢弗萊來到書房，見到牛頓專心寫字，桌上食物卻**原封不動**，就知道他又沒吃飯了，於是上前勸道：「先生，先歇一會吧，你還沒吃飯啊。」

這時牛頓抬起頭，神情有些**迷茫**，反問：

---

*愛德蒙・哈雷 (Edmond Halley，1656-1742)，英國天文學家、數學家與物理學家，因計算出一顆彗星的公轉軌道，並準確預測它將會再度回歸，於是那顆彗星被後人命名為「哈雷彗星」。

「我沒吃嗎？」說着，他拿湯匙舀了兩口湯來喝，再吃兩口麵包後就停下來，眼睛又移向案頭的資料。

這種事屢見不鮮，有時甚至弄出笑話呢。

有一次，漢弗萊看到牛頓難得下樓，於是問：「先生，有甚麼事嗎？」

「去吃飯啊。」牛頓心不在焉地一邊說，一邊朝着飯廳前進。

漢弗萊便通知廚娘準備飯菜。只是，當他回到飯廳卻不見對方身影，遂四處尋找，終於在玄關遠遠看到牛頓向門外走去。

漢弗萊大叫道：「先生，你去哪兒啊？」

然而，牛頓仿似充耳不聞，一直走向大街。漢弗萊唯有跑上去，只見對方低着頭，口中微微翕動。

他拉了拉牛頓的手臂，說：「先生、先生！」

「咦？」牛頓這才如夢初醒，「我怎麼在

這裏的？」

「先生，你又想事情想到**入迷**了。」

「因為我突然想起一個問題……」牛頓轉身往回走，「對了，我要去**吃飯**，走吧。」

不過，當他們回到屋內，牛頓又忽然大叫：「我想到了！」說着，三步併作兩步跑上樓梯。

到漢弗萊跟着來到書房時，卻見牛頓也不坐下，乾脆站在書桌旁俯身寫東西。

經過近18個月，1687年牛頓終於寫成《自然哲學的數學原理》*一書（以下簡稱《原理》）。全書以拉丁文寫成，分為三篇。當中他整

---

*《自然哲學的數學原理》(*Philosophiæ Naturalis Principia Mathematica*)，英文即是 *Mathematical Principles of Natural Philosophy*。

理伽利略等前人的理論，提出著名的**三大運動定律——**

第一運動定律也叫 慣性定律，所謂靜者恆靜，動者恆動。若物體沒受 外力干擾，處於靜態時便一直不動，而正在移動的東西則一直維持直線的速率運動。

玩具車被推動後，因受摩擦力與空氣阻力等外力阻礙而停下。若這些力消失，車子就會一直向前走。在太空這種毫無空氣阻力的環境下，行星受太陽引力影響，不斷循橢圓的彎曲路徑運行。

第二運動定律涉及 **加速度**，簡單來說就是移動物件的力愈大，該物件的加速度就愈大。但若用上相同的力去移動質量更大的東西，其加速度就較小。具體例子如下：

→當我們推得愈大力，手推車前進的速度就愈快。

↑當我們推的東西質量較小，手推車便輕鬆前進；但如果以同等力量去推質量較大的東西，手推車前進的速度就慢得多了。

至於第三運動定律提到**作用力**與**反作用力**。當物體A向物體B施力時，物體B會對物體A施以大小相同、方向相反的力。

→皮球下墜到地面，就對地面施加的撞擊力即為作用力，而反作用力就是地面對籃球施加向上的力了。

←再舉一例，火箭升空時引擎的噴射對下方的空氣產生作用力，於是被推動的空氣就產生同等的反作用力，令火箭上升。

另外，書中首次提出**萬有引力**的概念。所謂「萬有」，即是所有物體都有一股力吸引其他東西，這股力的大小與該物體的**質量**以及物體間的**距離**成正比。換句話說，物體愈大，其引力愈大；而兩個物體的距離愈近，彼此間的引力也愈大。那麼，為何月球不會被地球吸向**中心**，猶如20多年前牛頓看到蘋果垂直掉下？這是因為月球運行得夠快。

牛頓推論只要物體移動的**速率**夠高，就能繞着另一物體做圓周運動。他假設地球毫無空氣阻力時，在高山架設一座**大炮**，然後發射石頭炮彈⋯⋯

↑當炮彈的速度不夠高，就會很快掉到地面。

↑若炮彈射出的速度高些，便在較遠的地方掉到地面。

↑若大炮的威力夠強，射出的炮彈夠快，就會繞着地球轉一圈，最後回到起初發射的地方。

↑月球以每秒約1.02公里繞着地球轉動，而步槍子彈的發射速度大約每秒0.7至1公里，可見月球公轉極快，能一直繞着地球轉動。

在哈雷的幫助下，《原理》送至皇家學會出版。書中提出的萬有引力理論顛覆傳統科學的認知，引起極大迴響，科學家對此褒貶不一，反應各異。

同時，《原理》令牛頓在科學界的聲望與地位大幅提升，有助他此後開展其他事業。1696年，牛頓就離開劍橋，前往倫敦政府機關工作。

身居高位

咯登咯登……一輛馬車在清晨正往**倫敦塔***的鑄幣廠駛去。牛頓坐在車內，想到自己將擔任英國**鑄幣廠廠長**，必須解決棘手的貨幣問題，不容有失。

當時，市面流通的貨幣因使用過久而缺損，又有**不法之徒**剪去錢幣邊緣，積攢銀屑，再熔成銀錠，加入其他金屬製成**偽幣**。這樣造成幣制混亂，假幣輩出，嚴重損害國家經濟。而牛頓的解決辦法十分清晰，一是回收舊幣，重新鑄造新幣；另一是打擊**非法勾當**，嚴懲私鑄偽幣的犯人。

想着想着，馬車已停在廠房門前。牛頓**宣誓就任**後，隨即視察環境，制定策略。他仔細觀察

---

*倫敦塔 (Tower of London)，位於倫敦泰晤士河北岸的一座城堡。

鑄幣過程，了解設備與工人的種類和數量，再根據每個步驟所需時間，計算出每天可生產多少錢幣。為確保產量穩定，牛頓在每天清晨四點工人開工前就來到廠房監督至晚上，務求工人達到其要求。

他又翻查舊有檔案，理清權責，清除積弊，終於將鑄幣廠混亂不堪的情況改正過來，生產效率大大提高。

另一方面，牛頓派遣下屬和委託警方四處查探不法分子，有時甚至親自上陣……

在一間髒亂不堪的酒吧角落，坐着兩個男人。一人身穿紅衣，神情凝重；另一人則有點邋遢，眼神遊移。

邋遢男人壓低聲音道：「大人，這是你要的東

西。」説着，從口袋抽出一個**信封**，放在桌上。

「可靠嗎？」對方拿起信封問。

「絕對沒問題。」

「很好，這是你的。」紅衣男人把信封收進懷中，然後丟出一個**小布袋**。

邋遢男人立刻抓住布袋，打開往內看了一眼，**貪婪**地笑道：「以後大人有需要，請隨時吩咐。」

「記住，今天的事要**保密**。」說後，紅衣男人站起來，步出酒吧。他拐過街角，登上了一輛馬車，只見車廂內坐着一個年輕人。

「牛頓大人你回來了，可以行動了嗎？」年輕人**恭敬**地問。

牛頓拆開信封看了看內容後，眼中閃過一絲寒光，說：「**去抓老鼠吧**。」

為抓住**無法無天**的偽幣犯，他**喬裝**成不同身份，到酒吧及下城區等龍蛇混雜的地方刺探情報，搜集證據。此外，他還親自審問嫌疑犯，將有罪者判處死刑。所以牛頓猶如**死神**，令偽幣犯**聞風喪膽**，也**恨之入骨**。他曾收過不少死亡恐嚇，但毫不理會，把大量罪犯**繩之以法**。

牛頓那**雷厲風行**的辦事方式改善了貨幣問題，終獲政府**賞識**，於1699年鑄幣局總監逝世後就馬上接任，全權管理一切事宜。1701年，他成為**國會議員**，四年後更獲安妮女王冊封為爵士，權

力與身份地位都大大提升。

另一方面，1703年虎克逝世後，他隨即被選為皇家學會新主席。一年後他將擱置多年的光學研究重新整理，寫成《光學》一書出版。當中重申光粒子性質、折射與反射現象，並擴展至光與感覺器官關係等範疇。

那時，牛頓在英國學術界的地位雖**穩如泰山**，但除了虎克，還有一個與之**旗鼓相當**的對手，與他展開漫長的數學「戰爭」。

微積分戰爭

　　早於大學時期，牛頓就已學習複雜的高等數學，及後在那「神奇的兩年」中，更自創出「流數法」。**無獨有偶**，十多年後一位名叫**萊布尼茨***的科學家也發明了類似的數學分析方法，稱為**「微積分」**。

　　如前所述，微積分用途廣泛，尤其在幾何圖形計算上的功效非常大。其中**微分**能計算曲線的曲率，至於**積分**則可用於計算不規則圖形的面積，先看看以下例子吧。

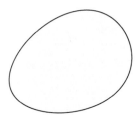

←要算出長方形、三角形、圓形等圖形的面積和體積很簡單，只須按公式計算即可。但若要計算不規則曲面物件如一隻橢圓形雞蛋的面積，一般方法便行不通，那就需要使用微積分了。

*葛腓烈・威廉・萊布尼茨 (Gottfried Wilhelm Leibniz，1646-1716年)，德國數學家和哲學家，在數學、醫學、物理、法律、哲學、語言學、歷史學都有涉獵研究。

↑當球從一方拋向另一方時，途中受多種因素影響，例如投擲產生的旋轉、空氣阻力等，以致其路徑並非直線，而是曲線。若想知道拋球路徑的曲率，以至球擲出後每一刻的位置與速度變化，我們都可利用微積分計算。

　　牛頓就是以其**獨創**的流數法計算行星橢圓形的軌道，協助完成《原理》。不過，多年來他也沒公開發表該數學分析方法。有說是因瘟疫與和倫敦大火重創出版和印刷業，無人肯承印冷門書籍；加上他在1672年發表光學研究時遭到諸多批評，**深受打擊**，故亦放棄公開流數法。

就在牛頓受挫的同年，近30歲的萊布尼茨在巴黎結識著名科學家惠更斯*，學習**高等數學**。一年後，他訪問倫敦，見識到英國數學界的最新發現。1675年，他憑着自身**天賦**與**努力**，獨自建構出微積分的基本概念。

後來，在皇家學會秘書奧爾登伯格***穿針引線**下，萊布尼茨與牛頓一度互相**通信**，並察覺彼此都做過類近的數學研究。但為保護自己的利益，雙方對信中的有關細節**語焉不詳**，牛頓甚至將所有牽涉流數法的文字都加密了。

1684年，萊布尼茨正式發表首篇微積分論文。同一時間牛頓正準備編寫《原理》，無暇顧及其他事情。直到1693年，牛頓才發表其數學研究，並表明早於20多年前已創出流數法，**震驚歐洲**。於是，**爭端**開始了。

*克里斯蒂安‧惠更斯 (Christiaan Huygens，1629-1695年)，荷蘭數學家、天文學家與物理學家，在多方面有不少成就，曾創立光波說，又發現土星的其中一顆衛星「土衛六」。
*亨利‧奧爾登伯格 (Henry Oldenburg，1619-1677)，德國科學家，皇家學會第一代成員。

　　牛頓懷疑萊布尼茨到訪英國期間，從某些渠道獲得其流數法的詳情。1703年他成為皇家學會主席後，便藉一位牛津大學教授之手，指責萊布尼茨偷取他的成果。雙方的學者同伴亦出面維護，開火聲援，戰爭全面爆發！

　　及後，萊布尼茨向皇家學會申訴，指控牛頓才是剽竊犯。學會遂成立委員會調查事件，但身為主席的牛頓獨攬大權，令委員會難作公正裁決。果然，報告判定牛頓無罪，反倒是提告的萊布尼茨被控剽竊。其理由是流數法創立的時間早於微積

分，兩者只是使用符號不同。而且，當年確有學會成員讓萊布尼茨看過牛頓某些資料，雖然具體內容未明，但「**有理由相信**」證據確鑿。

偏頗的結果令萊布尼茨深深**不忿**，後來學者白努利*發現《原理》有個數學錯誤。萊布尼茨以此為題，於1713年匿名刊登文章，質疑牛頓是否有能力創造流數法，甚至**借題發揮**，嘲諷萬有引力理論錯誤。牛頓大為震怒，指責對方無恥地**撒謊**。後來爭執牽扯到皇室，牛頓請德國宮廷大臣裁判，並寫了一封信給萊布尼茨「澄清事情」，只是信中內容**千篇一律**，僅表明自己沒錯。萊布尼茨就將信件複本寄給其他數學家，讓大家一起評

> 我才是始創的人！

*尼古拉一世・白努利 (Nicolaus I Bernoulli，1687-1759年)，瑞士數學家，為歐洲學者家族「白努利家族」的成員之一。

理，並再次堅稱微積分是他自己**獨創**的。

　　事件擾攘多年，到1716年萊布尼茨過世後，戰爭仍未結束。牛頓一直**耿耿於懷**，晚年仍憤憤不平地說對方剽竊自己的成果，**不依不饒**地攻擊已逝的對手。

　　另外，這場戰爭也影響學術界發展，往後**歐洲大陸學者**都採用萊布尼茨的微積分。相反，對牛頓奉若英雄的**英國人**則堅持採用流數法，直到19世紀中期才打破成見，改用微積分。

　　後世大部分人相信牛頓是**始創者**，但也認為萊布尼茨憑**一己之力**自創其方式。而現今所有人都將這數學分析方法稱為微積分，並採用萊布尼茨系統，因其較簡單易用。故此，雙方在這場戰爭可說是**打成平手**。

海邊的好奇小孩

　　牛頓繼承伽利略的思想，用實驗與數學方法證明理論。在光學上，他以三稜鏡印證出顏色的本質。其**光粒說**更一度領導世界，直至19世紀科學家提倡**光波說**後才沉寂下來。只是，20世紀初愛因斯坦以光子理論提出**波粒二象性**，光粒說被重新探討。在力學上，《原理》的萬有引力定律與運動定律，到今天依然影響深遠。

　　只是，他明白宇宙**廣闊無窮**，仍有很多未知的地方。他曾說過：「我不知世界將如何看待我，但我覺得自己只像個在海邊**嬉戲**的孩子，有時因發現一顆光滑的石子或一塊漂亮的貝殼而滿心歡喜，卻仍未探索面前那片偉大的**真理海洋**。」

　　好奇心、專心與進取之心可說是做事邁

向成功的關鍵要素
呢。

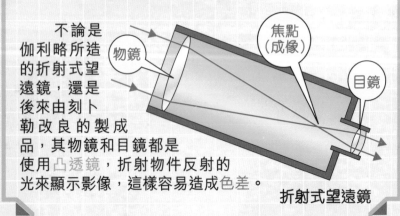

科學小知識

折射式望遠鏡與
反射式望遠鏡

不論是伽利略所造的折射式望遠鏡，還是後來由刻卜勒改良的製成品，其物鏡和目鏡都是使用凸透鏡，折射物件反射的光來顯示影像，這樣容易造成色差。

物鏡

焦點（成像）

目鏡

折射式望遠鏡

所謂「色差」，就是各種顏色光無法聚焦在
同一點上的現象，這樣會造成影像模糊。

正常

有色差

Photo Credit: Chromatic aberration (comparison) by Stan Zurek / CC BY-SA 3.0

　　牛頓製作的反射式望遠鏡，以一塊凹面反射鏡代
替凸透鏡作為物鏡，透過反射影像至前方的平面反射
鏡，再反射到上方的目鏡。由於毋須採用凸透鏡，解
決了色差問題。

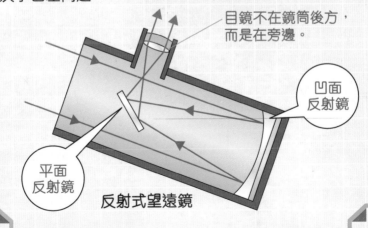

目鏡不在鏡筒後方，
而是在旁邊。

凹面
反射鏡

平面
反射鏡

反射式望遠鏡

化石獵人
瑪麗・安寧

咔！咔！咔！

鑿石聲不斷從海岸懸崖下方傳出。一個年約十二三歲的少女站在**嶙峋**的碎石地上，正以槌子尖端一下一下敲到面前的**巨大岩壁**，細心地逐小鑿開石塊。過了一會，岩壁漸漸露出些許**斑駁**的深色痕跡。隨着掉落的碎石愈多，其輪廓也愈發**清晰**，那猶如某種生物的**骨骼**。

「難道就是它？」她對着眼前的斑痕**喃喃自語**，「但這太大了，要找人來幫忙。」

說着，她立即轉身離開，爬上**崎嶇**的斜坡，逕直跑到鎮上去。

大約一個小時後，少女又回到海邊，後面還

跟着三個**虎背熊腰**的男人。他們手執長竿，還揹着一個大布包。其中一個皮膚黝黑的男人笑問：「嘿，瑪麗，這次你又掘到甚麼**古怪**的寶貝啊？」

另一個滿臉鬍鬚的傢伙說：「難道又是那些蛇石？」

走在最後的年輕男子**不耐煩**地道：「若只是蛇石，哪需我們幫忙啊。」

「你們很快就知道了。」領頭的瑪麗回話後就不再作聲，只是一直默默地往前走。

四人走了十多分鐘，終於來到崖下。這時，瑪麗指向不遠處的岩壁說：「**就是這個。**」

當他們順着少女所指的地方，看到那隱約可見的巨大「**殘骸**」後，都不禁**赫然一驚**。

「天啊！」鬍鬚男人驚詫地道，「這是甚麼石頭？」

「不是石頭，是**石化了的骨頭**。」黝黑男

人很快冷靜下來，「一年前瑪麗的**大哥**不是在附近找到一個巨型鱷魚頭嗎？這應該就是它的身體吧？」

「別廢話了，動手吧！」年輕男子已從背包取出槌子和錐子，走到岩壁跟前，「挖出來不就一**清二楚**嗎？」

於是，眾人輕輕撬開周邊的石頭，然後**小心翼翼**地把一塊塊沉重的**化石**從岩壁挖出，再逐一用厚布包裹。接著，他們用長竿套在厚布兩邊，製成擔架，慢慢將化石扛回去。

「這該賣得個**好價錢**吧？」黝黑男人對瑪麗笑道，「話說回來，這條鱷魚真是**驚人**呢。」

的確，那是非常驚人的發現。只是當時他們還未知道那根本不是甚麼鱷魚，而是一種更**古老**的生物。19世紀前，人們仍未了解還有一些在人類誕生前就已存在的動物。牠們的體型極為**龐大**，一度稱霸地球，之後卻完全**滅絕**。

而那個發現化石的少女叫**瑪麗．安寧** (Mary Anning)。她以發掘化石為畢生事業，找出多種**恐龍化石**，並在無意間揭開了史前洪荒世界神秘面貌的一角，為**地質學**與**古生物學界**帶來前所未有的衝擊。

大難不死的女孩

1799年，瑪麗於英格蘭南部的海濱小鎮**萊姆里傑斯**(Lyme Regis) 出生。相比工業革命後飽受污染的大都市，那裏佔地雖不算廣闊，卻有瀰漫**海洋氣息**的空氣與較**潔淨**的海水，加上沿岸峭壁蘊藏大量化石，自18世紀末就成了富裕人家的**度假勝地**。遊客到當地的其中一個節目就是蒐集那些**珍奇玩意**。於是一些當地人以**發掘化石**為業，而瑪麗的父親理查就是其中一個小有名氣的業餘好手。

理查是個貧窮的**木匠**，專門製作櫥櫃，閒時到處尋找化石，並將收穫擺在家門前的大桌子上，吸引**觀光客**購買。他十分喜歡那些獨特的石頭，更夢想自己能開設一間售賣化石的商店。相反，妻

子莫莉卻認為採集化石的**收入不穩**，希望丈夫能專注於本業，多造些櫃子，別為興趣就丟下妻兒跑到海邊。她先後誕下10個孩子，但大部分都不幸**夭折**，只有瑪麗及哥哥約瑟能活至成年。

瑪麗出生後**體弱多病**，令父母擔心不已。直到她15個月大時發生一件**離奇**之事，從此變得不一樣……

據說那天有一隊馬術團體來到當地巡迴表演，鎮上多數居民都紛紛前往觀看。至下午天空**烏雲密佈**，落下點點細雨，更有陣陣**雷聲**從遠處響起。突然，一道刺眼的白光在人們眼前閃現，緊接着上空爆出「**轟**」的一聲巨響，登時嚇得大家呆了半晌。

「**哇呀！**」一個尖叫聲令眾人回過神來，有人顫抖着指向不遠處的一棵**大樹**。只見樹幹和枝葉都被燒得發黑，散出陣陣焦味。樹下還躺着三個女人，衣服破爛不堪，其中一人的鞋子更被炸開

↑注意：打雷時千萬別站在樹下。

了。

一個男人大膽走上前去，發現她們身上有多處**燒傷**，而且都已無呼吸了。同時，他還看到一名死者手中緊抱着一個**嬰兒**，立即將之輕輕抱起。只是小傢伙雙眼緊閉，臉色灰白，似乎也**在劫難逃**。不過當他伸手到其鼻子一探，卻不禁叫道：「**還有氣息的！**」

「這好像是安寧家的孩子，他們就住在考克莫爾廣場那邊！」人羣中有個女人説。

「我帶她過去！」説着，男人抱着嬰孩**拔足狂奔**，後面還尾隨十多名鎮民。

不一刻，眾人跑到木匠坊，向理查和莫莉告知事情。二人嚇得**大驚失色**，立即接過小瑪麗，

把她放到一盆暖水中。不久,她的面色逐漸回復紅潤,更慢慢**甦醒**過來。此時醫生剛好來看診。他檢查後表示瑪麗並無大礙,令兩人鬆了一口氣,而外面的羣眾也為**大難不死**的嬰孩雀躍歡呼。

原來莫莉請鄰居幫忙照顧孩子,並讓對方帶瑪麗到外面呼吸新鮮空氣,看看表演。或許她們是為**避雨**而走到樹下,結果反被雷電擊中身亡。至於那個遭受雷擊也能存活下來的小小**幸運兒**,一度成為街頭巷尾的話題。

只是,安寧家**貧窮**的境況一直沒變。理查無力負擔兒女的學費,只能讓他們到教會免費開辦的**主日學**讀書識字。同時,他也常帶着約瑟和瑪麗到海邊,教曉他們**使用挖掘工具**,還有如何**分**

辨化石……

「爸爸，這是甚麼？」**年幼**的瑪麗拿着一個形似鸚鵡螺的石頭問。

「我知道！」比她年長3歲的哥哥約瑟搶着道，「這是**蛇石**！」

「為甚麼叫蛇石？」女孩歪着頭又問道。

「這個……」約瑟想了想，說，「你看它**蜷着身子**，不就像條蛇一樣嗎？」

「即是說它以前是條**蛇**？」瑪麗瞪大眼睛問。

「嗯！一定是！」

「約瑟說得真好呢。」理查拍拍兒子的頭，接着拿出一件**細長**的化石說，「那你們知道這是甚麼嗎？」

這次兄妹二人卻答不上來，只是**面面相覷**。

「這是**雷石**。」說着，理查將化石放到瑪麗手上。

「為甚麼叫雷石？」她望着化石好奇地問。

「相傳這是**上帝**落下雷電時所形成的，它還有別的名字呢，其中一個就叫——」理查**神秘兮兮**地道，「**魔鬼的手指**！」

「哇！魔鬼！」瑪麗登時嚇得把化石丟向哥哥。

幸好小約瑟**眼明手快**，慌忙接住了。他不滿罵道：「小心點！打碎了就賣不出去啦！」

「很古怪呢。」瑪麗**猶有餘悸**，「又是上帝，又是魔鬼，究竟那是甚麼啊？」

「哈哈哈，我也不大清楚，大家都是這樣稱呼的。」理查笑道，「不過學者先生們說那是一種**遠古生物**。」

他說得沒錯，那時科學家已發現化石乃某種生物死亡後**石化**而成，只是仍未了解其產生原

因，也沒想過當中有些物種已經**滅絕**。至於一般百姓仍不大了解化石生命的本質，也不清楚它們各有**學名**，僅以其外型加上想像力去命名及分門別類。例如「蛇石」，其實是絕種了的**菊石類**貝殼生物；而「魔鬼的手指」則是一種已滅絕的**箭石類**生物，與現今的烏賊屬於近親。

←菊石是一種海洋軟體動物，約於四億年前的泥盆紀出現，並於六千多萬年前的白堊紀末期滅絕。其外型雖與鸚鵡螺相似，但其實與墨魚、魷魚等的關係更近。

Photo credit："Ammonite Asteroceras"
by Dlloyd / CC BY-SA 3.0

Photo credit：
"BelemniteDB2" by Dmitry Bogdanov / CC BY-SA 3.0

→箭石類生物生於泥盆紀，並在白堊紀滅絕。其學名Belemnoid來自希臘文belemnon及eidos兩字組成，belemnon即「飛鏢」或「箭頭」的意思，而eidos則是「形式」。這表示那些是「箭頭形狀」的生物。

←畫家筆下的箭石生物復原圖，牠們的外型就像現今的魷魚一般。

Photo credit："BelemniteDB2"
by Dmitry Bogdanov / CC BY-SA 3.0

好景不常，數年後理查在找化石時**失足**掉下懸崖，受了重傷，身體愈來愈虛弱，最終於1810年患上結核病**逝世**，並留下了不少**債務**。生計頓成問題，年僅15歲的約瑟和12歲的瑪麗想到附近海崖掘化石**掙錢**，但莫莉因安全理由極力**反對**。她覺得那裏奪走了自己的丈夫，絕不想家人再去涉險。

然而，瑪麗始終不願放棄賣化石這條出路。她在大清早趁着母親和哥哥仍未醒來之際，悄悄到海邊**尋覓**，終於找到一件**漂亮**的菊石。回家途中，她巧遇一羣從外地到來的觀光客。其中一位女士對那件化石甚感興趣，就直接以半克朗*買下了。瑪麗立即跑回家中，向已經睡醒、正想**破口大罵**的母親展示自己**可觀**的成果。

當莫莉看到那枚硬幣時，便不再作聲，因為那足以購買一星期的糧食。**生活逼人**，最後她只好妥協，讓兩兄妹到海邊工作。

---

*半克朗 (half crown)，英國舊時的一種硬幣，相等於8分之1鎊，或是2先令加6便士。

發現怪獸與
物種滅絕的證據

事實上，販賣化石的收入並不穩定。自那次之後，他們只找到隨處可見的零碎化石賺取微利，還要向附近店鋪賒帳，才能維持生計。不過常言道否極泰來，就在三人過着窮困的日子約半年後，就有驚人發現。

1811年初某天，約瑟冒着寒風獨自出門，到海邊尋找目標，並在某個懸崖下方發現一道深色的痕跡。憑着多年跟隨父親分辨化石的經驗，他直覺上知道找到寶物了，用槌子輕輕鑿開周邊的岩石。他鑿得愈深，深色部分就展露得愈多，輪廓漸漸分明，那是一副「鱷魚」頭骨。

「很大！」約瑟心想，「3呎、不，有4呎長，

要找人來才能運走它呢。」

　　他立即跑回鎮上，央求數位**孔武有力**的工人幫忙。當工人們看到那個巨型鱷魚頭時，都**目瞪口呆**。

　　「這個也太**大**了吧？」其中一人歎道。

　　「就因為這麼大才請大家幫忙，只有我一人可搬不動它啊。」約瑟**懇切**地說。

　　於是眾人花了多個小時，才完全挖出整個頭骨，然後扛上擔架運回家去。

　　當瑪麗看到如此大的化石時，**瞪大雙眼**問：「天啊！這是甚麼？」

　　「不就是鱷魚的頭骨。」約瑟**聳聳肩**，輕鬆地道，「只是比平常**大**一點。」

　　「是嗎？但這不大像鱷魚呢。」瑪麗感到有些**疑惑**。

　　這個超過1米的頭骨嘴部又尖又長，當中有近200顆牙齒，眼窩部位極大，還有些**環狀骨片**嵌

在其中，與一般鱷魚有些不同。

「是甚麼也不要緊，最重要是它應該**賣**到不少錢吧？」約瑟輕輕摸着他的**戰利品**道。

「那它的**身體**呢？」瑪麗興奮地說，「如果我們找到了，再連頭一起賣，必定可獲得更高價！」

「對呢，反正這麼厲害的東西不愁沒有買家。」他**漫不經心**地回應，心中**另有盤算**。

果然，巨型頭骨引起了關注，大家都好奇安寧家能否找出剩餘的部分。只是，那時約瑟卻決定到椅子內飾製作坊當**學徒**。比起在海邊**餐風飲露**，他更安於室內工作，以求將來獲得較**穩定**的

收入。就這樣，尋找怪獸身驅的工作便落到瑪麗一人身上，並在大約一年後就讓她找到了。

如同開首提及，瑪麗在崖底的岩壁發現一些**肋骨**，還有數十塊**脊椎骨**，每塊接近有3吋寬。由於數量太多，她在多人協助下，分成數天挖出化石並運回家中。之後她小心**清理**那些黏附於骨上的碎石，再按骨形擺放在一起，發現其尺寸**驚人**，竟足足超過5米。

後來，他們以23鎊把整副化石賣給一個莊園園主。這筆**巨款**足以還清安寧家所有債務，並支撐其半年生活費用。至於該巨型化石經數度**易手**，最終輾轉至**大英博物館**，期間不少學者對之進行研究。

1814年，一位名叫霍姆*的醫生詳細檢視化石，卻一時之間無法判斷那是甚麼生物。它沒有腿，只有如**鰭**一般長而扁平的四肢，又有類似魚

*埃弗拉德‧霍姆 (Everard Home，1756-1832年)，英國外科醫生、比較解剖學家。

的脊椎，可見是在水中生活，似與**魚類**同種。只是，它亦有許多**爬蟲動物**的特徵，其外型也像鱷魚。直到1819年他才將之歸類於爬蟲動物，命名為「始龍」(*Proteosaurus*，希臘文即「新蜥蜴」)。

不過，其實早於2年前大英博物館自然史分部的研究員科尼*已將它命名為「**魚龍**」(*Ichthyosaurus*)。那是由希臘文的「**魚**」和「**蜥蜴**」組合而成，此後成為現代通用的學名。

←安寧兄妹發現的第一件完整魚龍化石後來被歸類為「切齒魚龍屬」(*Temnodontosaurus*)，屬於大型魚龍。圖為其中一種「板齒切齒魚龍」的想像復原圖。

Photo credit:
"Temnodontosaurus plat1DB" by Dmitry Bogdanov / CC BY 3.0

←存於倫敦自然歷史博物館的魚龍骸骨化石。

---

*查爾斯·科尼 (Karl Dietrich Eberhard König，1774-1851年)，德國博物學家，於1800年移居倫敦工作。

魚龍化石的出土令安寧兄妹**聲名大噪**，也吸引更多人前往萊姆里傑斯。期間瑪麗遇上了各種客人，也與他們結成**好友**……

　　1812年的一天，13歲的瑪麗如往常般前往海崖工作。正當她蹲下觀察一塊大岩石之際，就聽到腳步聲**自遠而近**傳來，抬頭時就見到一個陌生的**少年**站在面前。他問：「有發現嗎？」

　　「還沒有。」瑪麗站起來簡單應道。

　　「我叫**亨利．貝施***，剛搬來這裏。」少年友善地笑道，「很高興認識你，瑪麗．安寧小姐。」

　　聞言，瑪麗迅即**警戒**地盯着對方。

　　「別緊張，發現大鱷魚的安寧兄妹在這兒有誰不識。」亨利**佻皮**地眨眨眼睛，隨即四處張望，「你哥哥呢？怎麼不見他的？」

　　「他有更重要的事情要做，沒空來了。」瑪麗

---

*亨利．貝施 (Henry Thomas De la Beche，1796-1855年)，英國地質學與古生物學家。他曾擔任英國地質調查局 (British Geological Survey) 首位主管，也為古生物學會 (Palaeontographical Society) 的第一任主席。

說着，又轉過頭去繼續**專心**看岩石。

「不如也教我怎樣掘化石吧？」對方又問。

這次她沒答話，只指着巨岩上的一絲**空隙**道：「你看那裏。」說着，用槌尖輕輕撬起空隙旁邊的一小塊石頭，一個好像魚尾骨骼的東西便顯露出來。

「嘿，**厲害**。」

「要慢慢來，不能心急。」瑪麗用槌子輕輕鑿開周邊的石塊，「否則會**破壞目標**。」

不一會，她就把整塊化石挖出來，放在身旁的籃子裏，然後自顧自地轉身**離開**。

「你去哪兒？」亨利在身後大聲問。

「把化石送到菲爾普特小姐那裏。」瑪麗只**揮揮手**，頭也不回地說。

「明天我再來這裏找你好嗎？」

「隨便。」她**冷淡**地道，嘴角卻不自覺地露出一絲**笑容**。

由於工作關係，瑪麗通常接觸比自己年長許多的人，像亨利這種與她年齡相仿的倒是少見。此後數年，這個**好奇心**甚重的16歲少年對化石的興趣愈來愈大，時常與瑪麗跑到海邊 (約瑟有空時也會湊上一腳)。日後，他將成為出色的地質與古生物研究者，並身為瑪麗一生的**摯友**，協助其發展化石事業。

至於那位菲爾普特小姐*也是安寧家的**熟客**，比瑪麗年長近20歲，是當時少數的女性化石收藏家。1805年她與兩個姊妹搬到萊姆里傑斯後，就常常拜訪安寧家。瑪麗從小也與之十分**親近**。自瑪麗繼承父親的事業，菲爾普特就鼓勵對方**學習**更多與化石有關的知識，又會帶

*伊莉莎白・菲爾普特 (Elizabeth Philpot，1780-1857年)，19世紀早期的英國化石收藏家。

來一些學界時下的資訊和書籍讓其閱讀。

　　瑪麗從書本中不斷吸收地質學與古生物的知識，閒時更會**解剖**墨魚等生物，以觀察其結構，了解那些生物的本質，這都有助於工作。

　　可惜，她的工作並非**一帆風順**。自發現魚龍化石後，有段時間她只能找到一些化石碎片，乏人問津；而約瑟身為學徒還未有固定收入，出售魚龍化石所得的錢亦已花得**一乾二淨**。至1820年，安寧家更要**舉債度日**。長此下去，他們只能**變賣**家中一切抵債了。

　　幸好那時有位熱心的顧客伯奇*中校得悉其遭遇後，就決定幫助對方。他將自己從安寧家購得的收藏在倫敦**公開拍賣**，所得收益用於**資助**那困

*湯馬士・詹姆士・伯奇 (Thomas James Birch，1768-1829年)，英國化石收藏家，曾任軍隊中校。

頓的一家人。他向一位地質學家朋友寫信道：

......我將出售所有藏品，以資助萊姆里傑斯那位悲慘的女士莫莉，以及其兒子約瑟與女兒瑪麗。那些能用於科學研究的珍品中幾乎所有都是他們發現的......

由於當中有不少精品，各地買家紛紛到場**慷慨解囊**。結果，伯奇籌得超過400鎊，約等於現今的11500英鎊。這筆錢足以讓安寧家還清欠債，獲得**溫飽**。

此外，除了業餘收藏家，顧客中還有許多專業學者，其中一位是著名地質與古生物學家威廉·巴克蘭*。

自1815年，巴克蘭多年來數度造訪這個海濱小鎮。他對瑪麗發掘和辨認化石的技能深感**佩服**，

*威廉·布克蘭 (William Buckland，1784-1865年)，英國地質與古生物學家。

常邀請對方帶自己到崖邊觀看出土化石的地方，又勘察那裏的地質情況。他口才橫溢、行動敏捷，與一般老古董學者**大相逕庭**，時常**滔滔不絕**地向瑪麗講解古代生物的研究，令她獲益良多……

「巴克蘭先生，究竟那條大鱷魚是甚麼啊？」瑪麗問道。

「安寧小姐，那不是鱷魚，而是叫**魚龍**的生物。」巴克蘭說。

「魚龍……」瑪麗**喃喃自語**，「那麼世上還有魚龍存在嗎？」

「老實說我也不知道，有些人認為那些生物仍在某處生存，只是未被發現而已。」他想了想道，「不過**居維葉***男爵則認為魚龍已經**滅絕**，以前

---

*喬治・居維葉(Georges Léopold Chrétien Frédéric Dagobert Cuvier，1769-1832年)，法國博物學家與解剖學家，被稱為「古生物學之父」。

他發現大象化石時也提出過類似觀點。」

「滅絕？」

「即是整個**物種**都**不復存在**。」巴克蘭說，「他說那些生物這麼巨型，根本難以完全隱藏蹤跡，所以應該已完全**滅亡**了。」

「不過巴克蘭先生，既然牠們會滅絕，那麼上帝為何要創造牠們？」瑪麗**不解**地問。

「這個嘛……」

當時，物種滅絕是一種**嶄新**且**敏感**的概念。人們一直相信上帝創造的東西皆為**完美**，祂亦不會讓其創造物滅亡。然而，魚龍化石卻提供了**有力證據**，顯示那些巨型生物在人類誕生前就已經存活，而牠們亦已不復於地球上生存。

瑪麗對那位居維葉男爵的論點感到很驚奇，更**意想不到**的是，後來這位男爵就差點毀了她的事業。

再次發現怪獸

瑪麗**日復一日**出外工作，母親莫莉則留在家中招待那些購買化石的顧客。自伯奇中校的拍賣會約一年後，她又發現兩件**魚龍化石**，並透過好友亨利賣予大英博物館。1823年12月，瑪麗找到另一件巨型生物化石，只是其外型卻非常**古怪**……

當天，她與寵物小狗提爾到黑崖*附近工作時，發現岩壁有些**細碎**的化石痕跡，遂慢慢鑿開岩層，挖出一塊骨頭化石，那是一塊**頸椎骨**。接着她一直挖下去，卻發覺**事**

---

*黑崖 (Black Ven)，位於城鎮查茅斯 (Charmouth) 與萊姆里傑斯之間的一處斷崖。

不尋常。

「又是頭骨？」她挖出第13塊頸椎骨時不禁歎道。

隨着掘出的化石愈多，瑪麗預料自己無法搬動，便當機立斷找人幫忙。

「提爾，守在這裏。」説着她就離開了。

「汪！」提爾站在化石旁邊動也不動，提防有人來搶奪他們的成果。

在工人幫助下，瑪麗成功掘出不少頸椎骨，還有頭骨、軀幹等。當她拼砌這些骨頭後，發現那非常巨大，整體差不多有9呎長、4呎闊。當中頸子極長，頭骨卻十分細小，四肢是呈扁平的鰭，那明顯是與魚龍不同的另一種生物。她將整副骸骨素描出來，寄予亨利及其朋友康尼拔*，讓他們詳細研究。

新生物的發現再度令社會震驚，但遠在法國

*威廉・康尼拔 (William Daniel Conybeare，1787-1857年)，英國地質學家。

的居維葉得到消息後卻不禁**懷疑**起來。由於一般已知四足動物只有3至8塊頸椎，而該生物的頸椎數目卻超過**30塊**。他認為瑪麗可能誤將海蛇的頭連到魚龍身上，暗指那是一件**贗品**。

Photo credit: "Okapi Giraffe Neck "by Asianinvasion12 / CC BY-SA 4.0

就算是現代頸子非常長的長頸鹿，其實也只有7塊頸椎骨。

居維葉的質疑大大損害了瑪麗的**信用**，更打擊其化石生意。與此同時，康尼拔經研究後，卻提出**相反意見**。1824年，他在倫敦地質學會的一次特別會議上，發表有關報告，又將該物種命名為「**蛇頸龍**」(*Plesiosaurus*，其意思是「接近蜥蜴」)。

經過多次討論，眾人**釐清**化石真偽，表示那並非贗品。後來，居維葉詳細考察瑪麗的素描及其實質的骨骼化石，亦相信那確是**真品**，並承認自己太**武斷**而造成錯誤。瑪麗的**名譽**終於得以**恢復**，生意不再受到影響了。

另外，瑪麗又從某件魚龍骸骨中找到一些結石，並發現裏面竟藏有**魚骨化石**。她認為那些結石該是巨型生物的**糞便**，而魚骨則為仍未被完全消化的食物殘渣，留在腸中石化後而成的。她將消息告知巴克蘭，讓對方前來研究。透過這些**糞化石**，古生物學家就能知道恐龍吃了甚麼東西，並從中推斷當時的**生態**，例如有甚麼小型生物存活等。

1826年，瑪麗已27歲，終於儲夠錢實現父親的**夢想**——開辦一間專門售賣化石的**商店**。店鋪選址就在較繁華的寬街 (Broad Street)，前鋪後居。店面有大片的玻璃櫥窗，能展示各種化石。店

門上有塊牌，寫着「Anning's Fossil Depot」。當時報紙也報道過開店消息，一些顧客到訪後也替其介紹。化石店漸漸成為一個當地的**地標**，許多遊客和學者紛紛前來拜訪，並購買她挖出的**珍寶**。

　　同年，瑪麗與老顧客菲爾普特在數枚**箭石目**化石中都發現一個**黑色**的部位，遂仔細研究。

　　「這些烏烏黑黑的東西跟**烏賊**的**墨囊**很像呢。」瑪麗說道。

　　「墨囊嗎？」菲爾普特**喃喃自語**，隨即舀了一點水到那些黑色部分上。

　　「小姐，你在做甚麼啊？」瑪麗驚訝地問。

　　菲爾普特並沒理會對方，只用**畫筆**在化石間

直接輕輕攪拌。結果那些黑色東西竟漸漸溶化，變成了**墨水**！

「原來真的是**墨**啊。」她醮了一點墨在紙上畫了數筆，**淘氣**地笑道，「嗯，色澤不差。」

後來她們用那些史前墨汁畫圖以**招徠**客人，連當地藝術家也跟隨其做法呢。

1828年，瑪麗又發現英國第一件翼龍化石，後來被鑑定為「**雙型齒翼龍屬**」(*Dimorphodon*)，並由巴克蘭於次年在倫敦地質學會會議上公開。

隨着蛇頸龍和翼龍化石的發現，顯示魚龍並非史前生物的單一例子。

伴隨危險的工作

　　在一般人看來，化石獵人只是挖掘或撿拾化石就能賺錢，好不**輕鬆愜意**，但其實剛剛相反，更會伴隨眾多**風險**。如之前一再説過，這是一項收入不穩定的工作。化石只是**奢侈**的珍玩，並非必需品，人們一旦沒錢就不會購買。1830年經濟**不景氣**，連瑪麗的生意也大受影響，幸得一位好友到來為她**排難解憂**。

　　一天，瑪麗坐在店面，正**苦惱**着如何吸引客人多買點化石時，一個**爽朗**的聲音傳來：「嗨，瑪麗小姐！」她定睛一看，就見到亨利・貝施走進來。

　　「亨利，很久不見，你怎麼來了？」瑪麗問道。

「來給你一點**好東西**。」說着，亨利從手提包拿出一幅**水彩畫**。上面畫了魚龍和蛇頸龍在水中游泳、翼龍在天空飛翔等，那些都是瑪麗曾發掘過的**史前生物**。

「這是……」她看着那幅畫，感到**迷茫**。

「我根據化石的特徵，嘗試將那些生物重現出來，然後讓其他畫師製成**版畫**印製售賣。」他放

↑這幅畫叫「Duria Antiquior, A More Ancient Dorset」，現代被歸類為「史前藝術」(paleoart)，重現了一個想像的史前世界。

下一個錢袋道，「這是賣得的錢，就當作應急之用吧。」

瑪麗看看錢袋，又看看那幅畫，視線逐漸變得模糊。她抹一抹眼睛，感激地說：「亨利，謝謝你。」

除了自身的經濟困境，她還須應付同行競爭。1832年，化石商人霍金斯*到萊姆里傑斯，準備大幹一場。這個熱情洋溢的22歲小夥子，憑着敏銳的直覺與異想天開的思維，竟向當地地主建議以大量人力一口氣挖掘某個懸崖，好讓他找出更多化石。

當時瑪麗認為該處的化石已幾近挖盡，不會再有新發現，但霍金斯仍堅持下去。最後，他果真發現至今最大的魚龍化石，只是工人挖掘時卻不慎弄碎主體。瑪麗得悉後禁不住出手相助，趕緊將碎片盡量重新拼合起來。

*湯馬斯·霍金斯 (Thomas Hawkins，1810-1859年)，英國化石收藏家與貿易商。

儘管她對那傢伙無甚好感，但霍金斯卻非常**佩服**對方。他曾說過瑪麗經常**勇敢**地在危險的海岸與極壞的天氣下出門工作，以求得到寶貴的化石珍品。

的確，化石獵人工作時還要面對周遭環境引發的**危險**。萊姆里傑斯一帶的岩石非常**脆弱**，海浪和暴雨加劇**侵蝕**，使岩層中的化石更易暴露出來。故此，他們在天氣不佳時反會有更大收穫，但因海邊也變得不安全，須注意**潮汐漲退**，避免海水淹沒來路。

另一方面，在天然侵蝕與人工挖掘下，底部的岩石漸漸消退，令上方的懸崖更易**崩塌**。人們在崖下工作，隨時會被落石擊中。瑪麗就曾經歷一次**險象環生**的意外，更失去她重要的同伴。

1833年某日，瑪麗與小狗提爾正在崖下尋找化石。突然，「**轟隆**」一聲，上方不斷掉下石頭，雖然她想離開，卻嚇得幾乎不敢動彈，幸好石塊並

沒砸中自己。只是,她卻看到不遠處的提爾上方有一塊大石正滾下來。

「跑啊!提爾!」她**大聲呼叫**。

然而,剎那間大石已砸到提爾頭上。

不一刻,落石終於停止,四周靜了下來。瑪麗**呆了半晌**後,立刻跑到提爾身邊,只見小狗倒在血泊中,一動也不動。

「提爾……」瑪麗輕輕呼喚**小夥伴**的名字,但牠已**毫無反應**。

她抱起提爾小小的身體,**跟跟蹌蹌**地站起來,離開了崖邊。

姍姍來遲的榮譽

　　縱然遇上危難，失去重要的同伴，瑪麗依舊日復一日到海邊工作。其間她找到眾多新品種的生物化石，對化石以及與之相關的古生物知識也絕不比其他人遜色，為生物研究作出了重大貢獻。不過，當時她並沒獲得與之相符的回報。學者在得到瑪麗的化石、發表自己重要的研究時，卻鮮少提及其名，更遑論讚揚她的功勞，蓋因19世紀女性與男性並列是天方夜譚。

　　直至1841年，地質學家阿格西*以瑪麗的名字將一種古代的魚命名為*Acrodus anningiae*，三年後又將另一種魚命名為*Belenostomus anningiae*。另外，1846年她又成了多塞特郡博物館*的首位榮譽會員。

*讓・路易士・魯道夫・阿格西 (Jean Louis Rodolphe Agassiz，1807-1873年)，瑞士地質學家、動物學家與植物學家。

　　1847年，瑪麗患上乳癌逝世。倫敦地質學會支付其喪葬費用，而好友亨利在她的**悼詞**中，亦表揚其發現恐龍化石的**功績**。

　　瑪麗·安寧的發現讓人們獲得史前生物**滅絕**的**確實證據**，間接揭示了一個人類誕生前、有着各種巨型動物生存的世界，令大眾逐漸改變過往舊有的觀念。隨着更多種類的恐龍化石**出土**，加上地質學與古生物學研究日趨**成熟**，人們終於明白到地球並非如神話所言只有數千年歷史，而是度過了更**漫長悠久**的歲月。

*多塞特郡博物館 (Dorset County Museum)，位於英國西南面多塞特郡的多爾切斯特市 (Dorchester)，創於1846年。

蛇頸龍的頸子
無法如蛇般彎曲？

　　蛇頸龍是肉食性水生動物，生活於二億年前侏羅紀至白堊紀時代的海洋內。其下有多個品種，當中主要分為長頸與短頸兩類，而瑪麗‧安寧首次發現的蛇頸龍化石就屬於長頸類型。

　　長頸類蛇頸龍其中一個顯著特徵，就是那條長長的頸子。現代許多重建模型都是塑造成頸部好像天鵝那樣彎曲，伸出水面。不過，近年有些科學家據其頸椎形狀與頭部重量研究，卻認為蛇頸龍頸子的彎曲程度不大，更無法如蛇一般靈巧活動。若牠們試圖把頭頸伸出水面，那又長又重的頸部也會令其重心向前傾而沉回水中。

朱爾‧凡爾納 (Jules Gabriel Verne) 於1864年寫成經典科幻小說《地心探險記》,當中有一幕驚心動魄的情節:主角們在地下海洋航行時,竟在不遠處看到蛇頸龍和魚龍激烈打鬥。

後來,法國插畫家艾鐸‧里歐 (Édouard Riou) 替1867年的新版本繪製插畫時,就畫出了該兩種史前生物互相嚙咬的場面。畫中所見那條蛇頸龍竟能向後彎着頸子,狠狠咬住魚龍的頭部呢!

炸藥專家 諾貝爾

轟隆！

一聲巨響乍起，嚇得行人都停下腳步看向聲音的來源，連街道兩邊屋內的人也紛紛從窗口伸出頭來，只見遠處正冒着縷縷**黑煙**。

「發生甚麼事？」

「是**爆炸**？」

「好像從赫勒尼堡那邊傳來的……」

正當途人**驚疑不定**，已見一輛馬車於街上**奔馳**，朝着巨響發出的方向急速駛去。

大約半個小時後，馬車來到現場。一名年約20歲的年輕男子從車廂跳下來，他眼前的一座房子已**面目全非**，頂部被炸開了，冒出**熊熊火光**，牆

壁也坍塌了大半。四周散落大小不一的碎片，還瀰漫着一絲硫磺的臭味，不少人挽着水桶往起火處潑水。

男子四處張望，不一會看到一個微駝的身影後迅即跑過去。

「爸爸！」

對方並沒回應，眼睛一直注視火場，喃喃說道：「阿佛烈，艾米爾……艾米爾他還在裏面……」

「爸爸，沒事的。」阿佛烈只能扶住那彷彿要倒下的父親，不斷安慰，「會沒事的……」

大火燒了多時終於熄滅，眾人走進已成廢墟的廠房搜索生還者。不一會，一個叫聲傳來。

「諾貝爾先生，找到了！」

二人趕緊過去，看到數具不似人形的焦黑物

體。那一刻阿佛烈不敢相信其中一個是他的弟弟。

「艾米爾⋯⋯」父親嘶啞的嗓音在耳邊響起，「艾米爾啊！」他身子一軟，幾乎跪倒在地上。

阿佛烈緊緊擁着父親，同時聽到四周的竊竊私語。

「那個太危險了！」

「根本不應該在民居附近製造！」

「真是害人的東西！」

1864年的這一天對諾貝爾父子是個沉重的打擊。炸藥研發使他們心愛的親人離逝，也威脅到他人的安全。然而，阿佛烈‧諾貝爾 (Alfred Nobel) 絕不放棄，誓要製造出更穩定安全的炸藥。晚年他更考慮到這種破壞力強大的化學物質帶來的巨大利益，決定身故後創辦一個家傳戶曉的獎項。

究竟諾貝爾如何成功改造新的炸藥呢？這就要從其父親打算開發工程用炸藥説起了。

賣火柴的男孩

　　阿佛烈的父親伊曼紐爾是**瑞典**的一位發明家與企業家，年輕時曾於一艘帆船工作，及後入讀斯德哥爾摩的一所建築學校，畢業後當過工程學校老師。後來他開設不動產公司，期間**發明**了多種物品如輾壓機、刨木機等，收入漸豐。1827年與一戶富有農家的女兒卡羅琳娜**成婚**，妻子先後誕下長子羅伯特和次子路德維希。

　　可惜**好景不常**，1833年初伊曼紐爾的公司被大火燒毀，以致**破產**收場。同年10月，第三個孩子阿佛烈·諾貝爾 (之後直接以「諾貝爾」稱呼)出生了，家庭開支的**負擔**也增加不少。

　　不過伊曼紐爾並未**氣餒**，轉而發展各款**軍工產品**，其中一項就是設計新式炸藥。當時槍炮

武器都採用傳統黑火藥，而道路、隧道等工程建設仍以人手開挖，故此他希望製造一種能應用於各方面的炸藥以**節省成本**。只是，其研究不獲瑞典政府支持，處處碰壁。為了突破困境，他決定往外國發展，於1837年告別妻兒，獨自前往**芬蘭**和**俄羅斯**。

如此一來，卡羅琳娜就須獨力照顧兒子。她經營一間牛奶蔬菜店，但收入始終微薄。於是，年幼的孩子們便想辦法**幫補家計**，當時年僅9歲的羅伯特和7歲的路德維希決定向途人**兜售火柴**。而只有5歲的諾貝爾卻因**體弱多病**，常要臥床休息，不被允許外出。不過，他偶爾會悄悄跟着哥哥到街頭**幫忙**呢⋯⋯

「兩位先生女士，要買火柴嗎？」羅伯特向街上一對男女問道。

「我已有火柴，不用了。」男人一口**拒絕**後低聲咕噥，「反正**小屁孩**的火柴也不會好用。」

耳尖的路德維希聽到對方那樣說，忍不住**反駁**：「先生，這些火柴來自斯德哥爾摩的大工廠，絕不是甚麼小屁孩火柴！」

「總之不買，別再煩我們了！」說着，男人準備拉起女伴的手離開。

這時，一個略為**奶聲奶氣**的聲音插進來。

「先生，請你買盒火柴吧。」小小的諾貝爾說，「咳咳，天氣這麼冷，你一定要用很多很多的吧。」

的確，冬季

已至，凜冽的寒風颼颼吹過街道，冷得人們渾身發抖。

「算了，買一盒吧，反正我們也會用到。」那位女士從口袋掏出一枚硬幣，放到諾貝爾手上，「給你。」

「謝謝。」三兄弟不停道謝。

待那對男女走遠後，路德維希拍了拍諾貝爾的頭笑道：「還是你有辦法。」

「嘿嘿。」諾貝爾正洋洋得意地笑着，突然喉頭一癢，「咳咳！」

「今天我們還是先回去吧。」羅伯特擔憂地說，「這兒太冷了。」

「對呢，況且讓媽媽知道你又偷跑出來的話，我們可就慘了。」路德維希不斷搓着弟弟的手為其取暖。

「不要緊的。」諾貝爾仍天真地笑着。

「你當然不要緊，被罵的又不是你！」路德維

希**無奈**地說，「唉，反正託你的福，我們賣了不少火柴。」

「別說了，快回家。」羅伯特說。

「哥哥。」小諾貝爾又拉了拉羅伯特的衣袖說，「別再弄丟了錢。」

「對啊，那次害我們差點連飯也吃不到。」路德維希也**狡猾**地笑道，「不如讓我拿錢吧。」

「囉嗦！」

諾貝爾到8歲時便跟着哥哥一起上小學。他努力讀書，**成績不俗**，無奈身體虛弱，不能與其他同學嬉戲，只好在旁觀看。

另一邊廂，伊曼紐爾在俄國**聖彼得堡**研發水雷等武器，獲得軍部**賞識**，接了大量訂單，公司規模也日漸擴大，所得利潤增多。鑒於在當地**站穩陣腳**，他決定將妻兒接過來團聚。於是，1842年諾貝爾母子乘船前往聖彼得堡，登上伊曼紐爾準備的馬車，住進一幢**豪華大宅**，他們終於

不用再捱窮。一年後，卡羅琳娜誕下一個男孩艾米爾，諾貝爾便成為哥哥了。

為了讓兒子得到更好的**教育**，伊曼紐爾聘請數位家庭教師讓他們在家學習。由於諾貝爾時常躺在床上休息，故此三兄弟多在其臥房上課。他們學習科學、歷史、文學和語言，包括**瑞典語**、**俄語**、**英語**、**法語**和**德語**。當中諾貝爾尤具語言天分，常將文學作品**翻譯**成其他語言，再把譯文自行譯回原文，增強讀寫能力。此舉令他**精通**多國語言，對日後在各地做生意時更有利。

1850年，諾貝爾已17歲，身體變得比以前較強壯，決定**出國遊學**，先後到訪德國、丹麥、意大利，之後抵達法國。他在巴黎拜化學家佩洛茲*為師，學習**化學分析**的知識與實驗技術。兩年後他更橫渡大西洋，前往美國一間機械工廠實習。至1854年才返回聖彼得堡，當時俄國正值**戰爭**。

*泰奧菲勒-儒勒・佩洛茲 (Théophile-Jules Pelouze，1807-1867年)，法國化學家。

硝酸甘油的威力

1853年克里米亞戰爭爆發，英國、法國與奧斯曼帝國*聯軍向俄羅斯宣戰。當時俄國亟需大量武器，於是伊曼紐爾工廠生產的水雷等武器得以被大加應用。水雷的原料是黑火藥，這種化學爆炸物約於公元7至8世紀由中國煉丹師發明，一直沿用至今，只是其威力始終不夠強。

後來，化學教授齊寧*和特拉普*拜訪伊曼紐爾。二人以前是諾貝爾兄弟的家庭教師，亦會向伊曼紐爾提供化學方面的最新資訊。他們向對方展示一種化合物——硝酸甘油，認為可成為嶄新的炸藥材料。

硝酸甘油於1847年由索布雷洛*發明，以濃硝

*奧斯曼帝國 (Ottoman Empire，或譯作「鄂圖曼帝國」)，由土耳其人於公元13世紀末建立的軍事帝國。
*列高尼‧齊寧 (Nikolay Nikolaevich Zinin，1812-1880年)，俄羅斯化學家。
*尤里‧特拉普 (Yuli Trapp，1808-1882年)，俄羅斯化學家。

酸與濃硫酸混合甘油製成，具有極強爆炸力。不過，這種物質非常不穩定，很易引發爆炸。

戰爭令伊曼紐爾賺得大量資金研究新型炸藥，但一切亦隨戰爭結束而化成泡影。1856年俄國戰敗，沙皇*薨逝。新任沙皇認為其武器不及外國

↑硝酸甘油也具有擴張血管的功效，故此最初是用於治療心絞痛。

的精良，乾脆推翻合約。此令伊曼紐爾公司失去所有訂單，最終因債台高築而再次破產。

然而，他並沒氣餒。1859年他帶着妻子和小兒子艾米爾回到斯德哥爾摩，在市郊赫勒尼堡開設實驗室，試圖從不同比例混合硝酸甘油與黑火藥造出新產品，並計劃向某些建築開發工程公

---

*阿斯卡尼奧·索布雷洛 (Ascanio Sobrero，1812-1888年)，意大利化學家，年輕時當過佩洛茲的助手。
*沙皇 (Tsar) 是俄羅斯最高統治者的稱呼。

司販售硝酸甘油。

　　至於其餘三個年長的兒子也各自展開新工作，羅伯特前往**芬蘭**投資煤油及製造煤油燈；路德維希則於**聖彼得堡**市郊建立工廠，生產**輕型武器**。諾貝爾也同樣留在俄國，與父親一樣沒忘記硝酸甘油的潛力，對其進行各種研究。1862年他發明一種**引爆裝置**，並於1863年在瑞典申請專利。同年他返回斯德哥爾摩，與幼弟艾米爾一起協助父親工作。

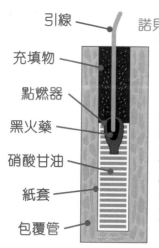

引線

充填物

點燃器

黑火藥

硝酸甘油

紙套

包覆管

諾貝爾改良過的一款引爆裝置

←點燃器是一個裝有黑火藥的細小木囊，連接着引線。當引線被點燃後，會先燒着木囊中的黑火藥，再波及管內的硝酸甘油，產生爆炸。這種裝置令使用者在點燃引線後有足夠時間離開現場，從遠距離引爆炸藥。

　　就在他們醉心於研發新式炸藥，那場可怕的**災難**遽然發生。1864年9月3日，赫勒尼堡實驗室發生大爆炸事故。當時諾貝爾在市中心正與一名客戶洽商，突然聽到**轟然巨響**，便跑到窗戶往外一看，赫然發現該處冒出大量**濃煙**，心知出了事，便立即乘馬車趕回去。

　　可惜為時已晚，實驗室已被炸得**支離破碎**。人們在一片狼藉的現場中找到五具屍體，其中一具就是諾貝爾的幼弟艾米爾。

　　伊曼紐爾經歷兩次破產仍**屹立不搖**，直到這次小兒子不幸過世，終於承受不住，突然**中風**病倒。不過諾貝爾卻未被此事擊敗，繼續研究，並於事故發生一個月後開設第一間炸藥公司。

只是，事故已令斯德哥爾摩居民**人心惶惶**。當日他們都聽到那可怕的爆炸聲，赫然發現自己原來一直與這種**恐怖**的東西相伴為鄰。為免災禍波及己身，人們羣起反對諾貝爾在附近建立工廠，而市政府也明令**禁止**在人口稠密的住宅區生產這些危險物品。

　　諾貝爾無奈之下購買一艘**駁船**，置於較遠的梅拉倫湖邊*，準備在船上做實驗和生產硝酸甘

*梅拉倫湖 (Mälaren) 是瑞典第三大湖。

126

油。只是，人們仍**深感感胥**，繼續反對。於是他和助手唯有將船駛至湖中心工作，直到1865年始獲批准在一處荒郊建立工廠。期間，諾貝爾不停思考要如何製造出較**穩定**的炸藥。

安全炸藥的發明

硝酸甘油是一種極不穩定的液體，只要受到搖晃也可能引發爆炸。諾貝爾苦苦思索，想到如果將之製成固體，那麼在運輸和操作時應會較安全。

他與助手把各類東西如煤炭、石膏等與硝酸甘油混合，嘗試造出固態物質，但其效果均不理想。後來在他們不斷努力試驗下，終於找出一種合適的物品……

「唉，試了這麼多東西都不管用，究竟要到何時才成功啊？」助手放下試管不禁歎道。

「別這麼快就放棄。」諾貝爾往紙上的文字瞥了一眼，「清單上還有很多東西未試呢。」

這時，外面傳來一陣咯登咯登的馬車聲。

「噢，取貨的人來了。」助手說。

他們走出工廠，便看到一輛**貨運馬車**剛好停在門口。

「辛苦了。」諾貝爾往廠房旁邊木棚下的數個木箱一指，「那些是要運的**貨品**。」

「好的。」馬車夫走向木箱，打開箱子稍作**檢查**時突然**大叫**，「咦？怎會這樣的？」

「發生甚麼事？」二人立即走過去問。

「有個罐**穿了**。」

只見箱內其中一個罐子穿了個洞。不過，當中的硝酸甘油並沒完全漏出來，而是與罐外用來填塞空隙的**土狀物**混和在一起，形成了一些如**麵團**般的物質。

諾貝爾**靈機一觸**，指着那些土狀物興奮叫道：「對了，它也在試驗清單上，先試試看吧。」

它就是**矽藻土**。

矽藻土是一種沉積岩，由矽藻殘骸沉積而成。

其質地**輕軟**，當中有許多**孔隙**，具有極強**吸水性**，也不易與其他物質產生化學反應。諾貝爾看中這些特性，調配不同比例的矽藻土去吸附硝酸甘油。經過反復試驗，1866年終於製成一種**劃時代**的固體炸藥——**矽藻土炸藥** (Dynamite)。

　　由於這種炸藥比黑火藥威力更強，卻比硝酸甘油穩定，推出市面後逐漸**受人注目**，令公司收到了許多訂單。另外，早於1865年在**德國**開設的分公司業務也**蒸蒸日上**。那時諾貝爾將辦公室設於漢堡，並在附近的克呂默爾 (Krümmel) 建立工廠生

產硝酸甘油炸藥，及後則專注製造矽藻土炸藥。

次年他又親赴美國，開設「美國爆炸油股份公司」。不過他沒參與營運，將專利權轉讓給公司負責人後，只收取股份利息報酬。後來，它卻被美國化工企業「杜邦」收購了。

同時，自發明了矽藻土炸藥後，諾貝爾仍不斷改善其質素，其中就改良了引爆裝置。

裝置因以黑火藥為引爆劑，其爆炸威力不夠大，而且有時出現失效情況，故此他打算採用威力更強的材料。最後他利用雷酸汞*製成新的引爆裝置，俗稱「雷管」，並於1867年在瑞典和德國申請專利。

*汞(音：哄)

→英國化學家霍華德 (Edward Charles Howard) 於1800年將水銀溶於硝酸後再混合醇，成功合成出雷酸汞。這種化合物具有高度爆炸性，只要輕微碰撞、摩擦或加熱就會產生爆炸。而且本身有毒，在製造或爆炸時便會釋放毒氣。故此，現代已由其他引爆劑代替。

雷管的發明標誌着西方人擺脫了傳統黑火藥，邁向新的**炸藥時代**。

諾貝爾王國

一直以來，諾貝爾**四出奔波**以拓展公司業務。1868年他就前往**巴黎**，準備與一名機械廠主兼商人巴布合資開設新公司，建立**炸藥工廠**。然而，法國政府卻遲遲不肯審批其**經營許可**。直至1870年普法戰爭爆發，法國因不敵德國的武器，才批准諾貝爾建廠生產最新式的軍火。只是次年又因法國戰敗，工廠被**勒令關閉**。

雖然形勢**嚴峻**，但他並沒退縮。為方便**管理**歐洲各間公司，1873年反而遷至巴黎居

住，並將當地發展成研究新炸藥的基地。

　　矽藻土雖使硝酸甘油變得較穩定，也比傳統黑火藥的爆炸力更強，但諾貝爾認為其**威力**尚嫌**不足**。他希望找到一種既同樣使硝酸甘油穩定卻又更有爆炸力的物質，以代替矽藻土。那時他注意到**火棉**可能是種合適的**替代品**。火棉是一種**硝化纖維**，將棉布浸泡硝酸和硫酸，並加入乙醇酒精作為保濕劑。

　　諾貝爾與助手做了多達250多次試驗，終於發明一種稱為「**爆炸膠**」的高效能炸藥，並於1875年在多個國家申請專利。同年，法國諾貝爾公司也正式投入生產。

　　除了歐洲大陸，他亦將勢力伸展至海峽對岸。早於法國建立新公司時，他到訪**英國**謀求發展機會，只是在那裏

卻遇上前所未有的困難。

鑒於以往硝酸甘油炸藥不斷發生事故，英國政府於1869年**禁止**這種化合物**進口**，也不准在其境內**生產**與**銷售**。故此，縱使矽藻土炸藥比一般硝酸甘油產品安全，也無法進入英國。為解決困境，諾貝爾決定邀請政府官員和相關專家觀看新炸藥的**試驗**，讓他們明白矽藻土炸藥的可行性。結果試驗大獲成功，令他**獲批**在英國建廠。

另外，諾貝爾也投資俄國**石油開發**。事緣大哥羅伯特在芬蘭生產煤油燈時，不慎購入一批劣質煤油。當時他捨不得就此丟棄，便對其加工**精煉**，且認為**有利可圖**。於1873年返回俄國與路德維希到高加索地區的**巴庫***收購大量油田，並在獲得特許開採權後，加緊開採石油及煉製各種石油副產品。後來，二人說服諾貝爾**注資設廠**，於1879年成立「諾貝爾兄弟石油公司」，自行鋪設輸

*巴庫 (Baku) 現為阿塞拜疆的首都。

油管及建立運油船隊，獲得龐大的利潤。

　　與此同時，諾貝爾繼續改良炸藥品質。雖然爆炸膠的效能比其他舊產品大有進步，但是還有缺點，那就是爆炸時會產生大量煙霧，不利工作。當時他在一種推出市面數年的新物料中找到解決辦法……

　　一天，諾貝爾回到實驗室，手上還拿着一件精美的飾品。

　　「早安，諾貝爾先生，這件象牙藝術品很漂亮呢。」一名助手讚歎道。

　　「嘿嘿，你被騙了，這不是象牙啊。」諾貝爾露出捉狹的笑容說。

　　「不是象牙？」對方看着那件飾品，恍然大悟，「啊，難道是『賽璐珞』？」

　　「對，我覺得這種仿象牙物料可能對製造無煙炸藥合用啊。」諾貝爾解釋道，「你試想想，這東西極之易燃，但燒起來又不會出煙。」

「原來如此。」助手眼前一亮，「只要找到當中有哪種成分導致無煙效果，就能應用到炸藥上呢。」

「沒錯，我已叫人收購一大批賽璐珞用作試驗了。」

經詳細分析，他們發現賽璐珞所含的樟腦就是關鍵，並於1887年成功研發出「混合無煙火藥」(Ballistite)。

這種炸藥很快引起各國政府關注，他們主要將之應用於軍事上，設計一些攻擊時不着痕跡的

先進武器。

　　只是，它亦為諾貝爾帶來不少**麻煩**。當時法國有一名化學家維埃那*在兩年前也發明一種無煙炸藥，但其質素卻不及諾貝爾的產品。但因維埃那與軍方關係**密切**，加上法國政府決定保護本國發明，不但拒絕諾貝爾的專利申請，更藉詞一度關閉其火藥廠。另外，巴黎的報章更指控他涉嫌**剽竊機密**，揚言要將他送到牢獄。

　　諾貝爾為此**憤憤不平**，不禁罵道：「對所有政府而言，那些有強勁後台的劣質炸藥，顯然比沒有後台的優良炸藥要好得多呢！」

　　後來，**意大利**政府於1888年批准諾貝爾無煙炸藥的專利申請，又允許他在意大利建立工廠，並簽訂約300噸的訂單。諾貝爾遂乾脆離開巴黎，移居至意大利聖雷莫*，直至1896年逝世。

---

*保羅·維埃那 (Paul Marie Eugène Vieille，1854-1934)，法國化學家，發明了無煙炸藥「Poudre B」。
*聖雷莫 (Sanremo)，意大利西北面的城市。

戰爭與和平

自1886年，諾貝爾創建了一個環球商業信託企業，旗下公司遍及21個國家，90多間所屬工廠每年生產超過60000噸炸藥，應用於**工程建設**與**軍事武器開發**。此外，他在多個領域如機械、醫療、化工等作過多項發明，並獲得大量**專利**，也為其帶來莫大利潤。

由於他多年來因公司業務而走訪多國，「居無定所」，故此有人戲稱其為歐洲「**最富有的流浪漢**」。他對此不以為意，更說過：「凡我工作之處就是我的家，而我是到處工作的。」

不過，他並非只專注於公司及其產品等實際事務，也懷有**浪漫思想**。他自小喜歡閱讀各類文

學作品，長大後更曾私下寫過一些小說和劇本。另外，雖然他發明多種炸藥，卻一直在追求和平。炸藥既可**開山劈石**，協助修建道路與運河，亦能在戰爭中**摧毀**一切可貴之物，可謂**一體兩面**，要觀乎如何使用。

諾貝爾一生從未結婚，無兒無女，卻坐擁龐大資產。晚年他想到身後之事，經**深思熟慮**，最後下了一個震驚世人的決定。

他立下**遺囑**，指定其助手索爾曼及一位瑞典工程師為遺產執行人。當中表明將其一切可變換成現金的資產用來成立**基金**，並把所得利息分成5份，以獎金形式每年獎勵在5個領域為人類帶來最大利益的人士，包括**物理**、**化學**、**生理學**或**醫**

學、**文學**，以及**促進和平**。

　　1900年，瑞典政府正式成立**諾貝爾基金會**。基金會整理其三千多萬瑞典克朗（折合當時約二百多萬英鎊）的遺產後，於次年開始頒發獎項。此後，諾貝爾獎都於每年12月10日頒發，那天正是諾貝爾的忌日。

　　他曾說過：「我會樂意幫助那些**懷有理想**卻難以實現之人去完成自己的**抱負**。」

諾貝爾經濟學獎與
諾貝爾無關？

每年播放諾貝爾獎新聞時，都有 6 個獎項。不過，諾貝爾的遺囑中表明只頒予物理、化學、生理學或醫學、文學，以及促進和平 5 個領域的傑出人士。那麼剩下來的經濟學獎是怎麼回事？

諾貝爾經濟學獎的全稱是「瑞典中央銀行紀念阿佛烈‧諾貝爾經濟學獎」(The Sveriges Riksbank Prize in Economic Sciences in Memory of Alfred Nobel)。它由瑞典中央銀行於 1968 年設立，並獲諾貝爾委員會官方認可，以獎勵在經濟學領域中有傑出貢獻的人，而獎金亦由該銀行支付。

只是此獎的出現一直備受爭議。有些人批評那與諾貝爾全無關係，只是向其名沾光而已。另外，頒獎對象也並非僅限於經濟學家，更有社會學家、政治學家，甚至是心理學家。

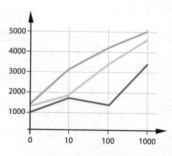

但無論如何，諾貝爾經濟學獎現在已被視為該領域中的最高獎項，而其得主亦與其他範疇的得獎者看齊，享有同等榮譽。

「發人深省」的搞笑諾貝爾獎

搞笑諾貝爾獎的英文原名是 Ig Nobel Prize，那是從「ignoble」(卑劣的) 一詞而來。由此可知，這是諧擬真正的諾貝爾獎。該獎由馬克．亞伯拉罕 (Marc Abrahams) 於 1991 年創辦。他是《不可思議研究年報》(*Annals of Improbable Research*) 的編輯，而這本科學幽默雜誌也是獎項的主辦單位。

不過，那不只純屬「惡搞」。該獎旨在授予那些「可笑卻又引人省思」的科學成果，以讚揚另類事物，推崇想像力，並激發人們對科學、醫學與科技的興趣。主辦者每年選出 10 個不同的研究領域，但當中並沒特定範疇，環境保護、公眾衛生、心理，甚至是藝術都榜上有名。

每年 9 月，頒獎典禮都在哈佛大學的桑德斯劇院 (Sanders Theatre) 舉行。當中最特別的是每年屆數都

一樣，例如 2020 年的搞笑諾貝爾獎就是「第 30 次首屆搞笑諾貝爾獎」。主辦單位也會邀請其他科學學會，甚至是真正的諾貝爾獎得主到來頒獎或表演。

　　若想知道歷屆的得獎名單及其有趣的研究成果，可瀏覽《不可思議研究年報》的官方網址：https://www.improbable.com/

獎金和獎座亦非同一般，例如2020年搞笑諾貝爾獎的獎金是一張100億辛巴威元偽鈔，獎座則是紙造的，而且主辦單位僅提供PDF紙樣，得獎者須自行列印和製作呢！

```
>LET X =100
>LET X =X/0
```

俄裔物理學家安德烈・海姆（Andre Geim）與另一名科學家成功以磁浮技術令一隻活青蛙飄浮起來，由此獲得2000年的搞笑諾貝爾物理學獎。10年後海姆因石墨烯材料研究，獲得了真正的諾貝爾物理學獎，成為首個兼得兩個獎項的人。

Photo credit:
"Andre Geim 10" by Bengt Oberger / CC BY-SA 4.0

Photo credit:
"Frog diamagnetic levitation" by Lijnis Nelemans / CC BY-SA 3.0